VOYAGE

HISTORIQUE ET POLITIQUE

AU MONTENEGRO.

Cet ouvrage se trouve aussi :

A PARIS,

Chez { DELAUNAY, Libraire, Palais-Royal ;
PELICIER, Libraire, Palais-Royal ;
MONGIE, Libraire, boulevard Poissonnière.

ET A LYON,

Chez MANEL fils, Libraire.

OUVRAGES NOUVEAUX.

CHOIX DE RAPPORTS, OPINIONS ET DISCOURS PRONONCÉS A LA TRI-
BUNE NATIONALE, depuis 1789 jusqu'à ce jour ; recueillis dans un
ordre chronologique et historique. — Le dixième volume est en
vente (c'est le premier de la Convention). — Le onzième est
sous presse. — Chaque volume est orné de six portraits des plus
célèbres orateurs. — Prix de chaque volume, avec les portraits
lithographiés, par M. Marlet, 8 francs ; sans les portraits,
6 francs.

CHOIX DE RAPPORTS, OPINIONS ET DISCOURS. — *Session de* 1819.
Cet ouvrage, si intéressant par les événemens de cette session,
forme un gros vol. in-8°. Il se vend isolément le prix de 6 francs,
et 8 francs avec les huit portraits suivans : *Benjamin-Constant,
Manuel, Dupont* (de l'Eure), *de Courcelles, Lainé, De-
villèle, de la Bourdonnais, de Marcellus.* MM. les souscrip-
teurs ne paieront ce volume que le prix des précédens.

MANUEL D'ECONOMIE RURALE ET DOMESTIQUE, ou Recueil de plus
de sept cents recettes et procédés, utiles aux arts, à l'agriculture, etc. 1 vol. in-12. Prix : 3 fr. 50 c.

Imprimerie de ET. IMBERT, rue de la Vieille-Monnaie, n°. 12.

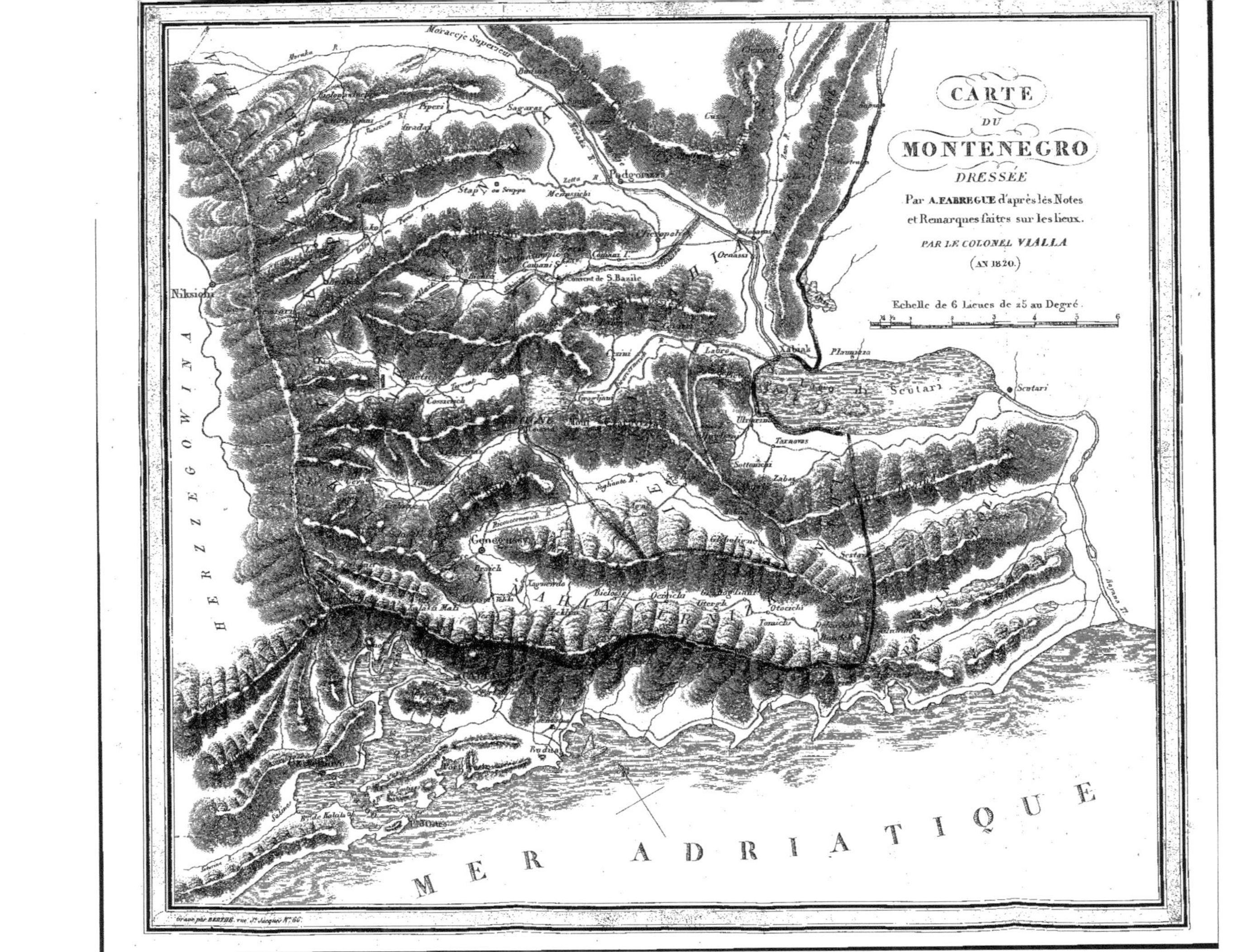

CARTE
DU
MONTENEGRO
DRESSÉE
Par A. FABREGUE d'après les Notes
et Remarques faites sur les lieux.
PAR LE COLONEL VIALLA
(AN 1820.)
Echelle de 6 Lieues de 25 au Degré.
HERZZEGOWINA
MER ADRIATIQUE
Niksich
Podgoriza
Scutari
Lac de Scutari
Moracje Superieur
Convent de S. Bazile
Gravé par BERTHE, rue St. Jacques N. 66.

Je dois reprendre les Couves couleurs ainsi que les
pages Hors format et Couleurs des gros livres Jaunes.
: reprendre aussi le code 9 8 9 3.

- Problème des jours non fait.
- Problème du lieu de travail.
- Des documents nit etc...
- Demande

VOYAGE

HISTORIQUE ET POLITIQUE

AU MONTENEGRO,

CONTENANT l'Origine des Monténégrins, peuple autocthone ou aborigène, et très peu connu; la Description topographique, pittoresque et statistique du pays; les Mœurs de cette nation, ses Usages, Coutumes, Préjugés; son Gouvernement, sa Législation, ses Relations politiques, sa Religion, les Cérémonies curieuses et bizarres de son culte; l'Exposé de divers traits de courage, de générosité, ainsi que de férocité, communs dans ce peuple.

Orné d'une Carte détaillée, dessinée sur les lieux, et de douze Gravures coloriées, représentant les costumes de ce pays, deux de leurs fêtes, quelques plantes, etc.

PAR M. LE COLONEL L. C. VIALLA DE SOMMIÈRES,

Commandant de Castel-Nuovo, Gouverneur de la province de Cattaro, chef de l'état-major de la deuxième division de l'armée d'Illyrie, à Raguse, depuis l'année 1807 jusqu'en 1813.

TOME PREMIER.

PARIS,

ALEXIS EYMERY, Libraire, rue Mazarine, nº. 5o.

1820.

AU LECTEUR.

En écrivant l'histoire d'un peuple dont on ne connaît presque jusqu'ici que le nom, j'ai cru me rendre utile sans prétendre au titre d'auteur. C'est un hommage à ma patrie.

Si le travail que j'offre n'a pas le mérite du style, dans un temps où l'art d'écrire a fait tant de progrès, du moins aura-t-il l'avantage de la vérité. Il rectifiera des relations hasardées sur des notes suspectes, ou sur des observations précipitées.

Vieilli dans les camps, j'ignore l'art et la méthode; mais je n'abonderai pas en descriptions factices, fruits de la seule imagination; je ne parlerai que de ce que j'ai réellement vu.

Dans le plan que je me suis proposé, j'ai voulu assigner les différentes causes qui ont donné de l'importance au peuple Monténégrin dans nos relations. J'ai voulu révéler l'influence que son voisinage avait eue sur nos mouvemens militaires dans la Dalmatie et l'Albanie occidentale, les avantages que nous pouvions retirer de nos liaisons avec lui, ainsi que les moyens d'y parvenir.

Les recherches que j'ai faites, dans cette vue, m'ont fourni des matériaux dont l'intérêt m'a entraîné malgré moi dans beaucoup de détails sur ce pays, ignoré pour ainsi dire, et sur le peuple qui l'habite.

Mes entretiens avec les principaux chefs de cette nation, et le séjour que j'ai fait chez elle, m'ont mis à même de connaître ses mœurs, ses usages, ses relations, ses préjugés. Tout cela, nécessairement neuf aux yeux du lecteur, ne peut être indifférent pour l'étude de la géographie et de l'histoire morale du genre humain.

Le silence des anciens sur cette peuplade en particulier, ne rend que plus précieuses les notions que j'ai pu me procurer pendant mon court séjour au milieu d'elle. Avantage qui ne se reproduira pas de sitôt, sans doute, pour un autre observateur. La difficulté d'y pénétrer, l'insouciance absolue de ce peuple pour tout ce qui ne le touche pas personnellement, et sa défiance extrême envers tout ce qui lui est étranger, s'opposeront encore long-temps aux communications politiques et commerciales, qui seules peuvent amener des liaisons durables entre les hommes de diverses contrées.

Toujours en danger d'être envahis par les Turcs, les Monténégrins n'éprouvent d'autre intérêt que celui de leur défense contre ces barbares voisins. Les arts, les sciences, les lettres, tous ces objets de la gloire européenne ne sont rien pour eux.

Son fusil, son poignard et sa bible,

qu'il baise plus qu'il ne la lit, voilà qui suffit au Monténégrin; et peut-être en est-il plus heureux, s'il est vrai que le bonheur consiste à rester le plus près possible de la nature!

Il me reste un mot à dire sur les traits de la critique, auxquels il est probable que je n'échapperai pas, puisque j'ai des choses nouvelles, inconnues, bizarres, à raconter au lecteur. A cet égard, voici ma profession de foi : La critique qui n'a pour but que le redressement d'une erreur, ne peut déplaire à personne. Celle qui naît de l'envie, de la haine ou de la mauvaise foi, ne mérite que le mépris. Dans le premier cas, l'homme sage se corrige en silence; dans le second, il se tait encore.

VOYAGE

HISTORIQUE ET POLITIQUE

AU MONTÉNÉGRO.

CHAPITRE PREMIER.

De l'origine des Monténégrins ; ils s'opposent à l'établissement des Français dans la province de Cattaro. — Combat de Castel-Nuovo. — Ils sont repoussés dans leurs montagnes. — Description topographique de leur pays. — Précis de leur histoire politique jusqu'à l'entrée de l'auteur chez eux.

J'ENTREPRENDS de parler d'un peuple presque ignoré, ou plutôt mal connu jusqu'à nos jours ; d'un peuple dont tout le bonheur consiste dans le maintien d'une heureuse indépendance ; qui sait honorer le courage ; mais qui, bien plus sage que ces hordes turbulantes qui brillèrent d'un instant d'éclat dans les fastes de l'orient, ose compter pour rien la gloire acquise au delà du théâtre indispensable à la conservation de ses frontières.

Lorsque les Français, poussés par le génie de la liberté, et entraînés au malheur des conquêtes, pour assurer l'intégralité de leur territoire par des expéditions lointaines, s'avancèrent jusqu'aux portes de Castel-Nuovo en Illyrie, et de là aux bouches du Cattaro, on entendit parler, pour la première fois, du peuple monténégrin, d'une manière peut-être moins obscure, mais non moins vague que le peu de notes que l'on avait hasardées avant cette époque (1).

––––––––––––––––

(1) Vosgien, pour ne pas se compromettre par des inexactitudes, ou n'ayant pas été à même de se procurer de justes renseignemens, n'en dit rien du tout. La Martinière, l'Encyclopédie même, se taisent sur ce point du globe. La Géographie universelle en dit deux mots, encore fort inexacts, puisqu'on y avance que les Monténé-

Depuis, les journaux des années 1806 et 1807 en ont parlé souvent, mais toujours aussi sur des rapports où la rapidité de la narration, subordonnée à la célérité de nos mouvemens militaires, n'a pu permettre des détails, qu'excluent d'ailleurs le mode et le style du guerrier en campagne.

Les Monténégrins sont cette peuplade belliqueuse qui, vers la fin de 1806, descendit en masse de ses montagnes, à la voix tant révérée du *Wladika*, ou prince-évêque du pays, et que l'empereur de Russie avait attaché à sa cause, pour des motifs que les circonstances ont justifiés.

A l'approche des colonnes françaises, vers Castel-Nuovo, dix mille Monténégrins, joints aux troupes russes qui débarquèrent sur les rives de la *Saturina* (torrent qui sépare l'état de Raguse des possessions turques), tombèrent inopinément sur notre armée, la surprirent par des mouvemens

---

grins étaient soumis aux Vénitiens, dont même ils n'ont jamais été tributaires.

1*

brusques et imprévus, hors des règles de la tactique militaire; portèrent ainsi le désordre dans nos rangs, et nous forcèrent à la retraite jusqu'à Raguse, où ils entrèrent pêle-mêle avec nos soldats. Ils s'emparèrent en un instant de cette ville, ravagèrent son territoire, imposèrent des contributions, dévastèrent Ragusa - Vechia, et brûlèrent Santa-Croce, plus connue sous le nom de *Gravosa*, ou port de Raguse.

Mais il ne fallut aux troupes françaises que peu de jours de calme et d'observations, pour juger et apprécier de tels ennemis.

Dans une deuxième tentative, leurs efforts échouèrent complétement; ils parurent à peine pouvoir soutenir le choc de nos bataillons; ils furent dispersés comme une nuée de sauterelles à l'approche de l'orage; et l'on vit alors ce que peuvent l'ordre et la discipline militaire contre la fougue et la fureur individuelle; surtout à cette époque, brillante d'émulation et d'héroïsme, où le nom français imprimait partout le respect et l'épouvante.

Aussi les Russes qui comptaient beaucoup sur les Monténégrins, déçus par leur mouvement rétrograde, furent-ils contraints de se rembarquer avec précipitation; renonçant ainsi, d'une part, aux avantages des plus heureuses positions, consistant en une chaîne de mamelons, dont la défense se liait de l'un à l'autre, depuis le col de Bellebrye jusqu'à la mer; et, de l'autre, au concours d'une escadre imposante, qui, interdisant l'entrée des bouches du Cattaro à tout secours, pouvait foudroyer la plaine des Salines que nous occupions. D'aussi belles dispositions cédèrent en un instant à la retraite de ces montagnards.

Deux fois vingt-quatre heures suffirent pour éloigner l'armée ennemie. Le *Wladika*, qui, deux jours avant, ceint du baudrier, la tiare en tête, excitait le courage et conduisait ses hordes avec autant d'audace que d'habileté, se retira, en toute hâte, au couvent de *Sawina*, couvert par la ligne de Castel-Nuovo et le fort Espagnol.

Là, il se rallia, et se remit en marche

pour le Montenegro, le troisième jour, avec
tous les siens ; après avoir vu commettre,
dans le territoire qu'il avait parcouru , tous
les désordres inséparables de l'état de guerre,
des violences même qui tiennent au défaut
de règles , et qui furent plus particulièrement dirigées contre les Latins, qui sont peu
nombreux dans ces contrées. (On appelle
Latins, dans ce pays, les catholiques romains.)

Les troupes françaises eurent très peu de
relations avec les Monténégrins, qui, d'ailleurs, accoutumés à se battre en tirailleurs,
derrière les rochers, figurèrent mal dans les
journées des Salines, qui offrent une plaine
assez vaste pour ce pays. Nos généraux eux-
mêmes, non plus que ceux qui les entou-
raient, n'attachèrent pas assez de prix, ou
n'eurent jamais, depuis, assez de temps
pour se livrer à l'observation, et nous donner un juste aperçu de ce peuple.

Fixé par les ordres du gouvernement dans
une province limitrophe, dont le commandement me fut confié, après celui de plu-

sieurs de ses places, pendant le cours de six années, j'ai eu le temps, l'occasion et l'obligation surtout, de mettre à profit tout ce qui pouvait concourir à former un jugement certain sur les Monténégrins; sur leurs usages, leurs mœurs, leur caractère, leurs facultés et leur audace, afin de pouvoir, d'après les notions acquises, régler ma conduite pour la sûreté du territoire, soumis à ma surveillance.

J'ai voulu plus encore : pour ne pas juger d'après l'opinion des autres, j'ai pénétré jusqu'au centre de leurs montagnes, où n'avait encore paru aucun Français; et là, parcourant les villages, les habitations; conférant avec les autorités, les primats, les prêtres, les gens du peuple; assistant à leurs cérémonies, à leurs réunions, à leurs jeux, j'ai pu scruter attentivement leur manière d'être, et surprendre les traits divers qui les distinguent.

Comme les liaisons des Monténégrins avec les Russes, leur donnaient trop de prépondérance, pour ne pas balancer, dans l'opinion des peuples voisins, les succès de nos armes, et le respect qui leur était habituel, ils en avaient acquis une prétention, ou une jactance qui a beaucoup influé sur notre conduite militaire et politique, sur l'emploi immédiat de nos forces, et jusque sur le degré de confiance que nous-mêmes devions avoir de notre sécurité, dans ces contrées éloignées de la métropole.

Sous ce rapport, ils ont joué un rôle assez important pour qu'on les fasse connaître, indépendamment de tant d'autres motifs, liés aux intérêts de quelques puissances qui auraient des vues ultérieures sur certains parages de l'Adriatique.

En parlant de ce peuple, je le peindrai sous ses véritables couleurs; je suivrai, dans le développement de mes idées, un plan conforme à la nature des choses, à leur enchaînement, à leur affinité entre elles; et dans toutes les occasions qui me seront loisibles, je rapporterai ses maximes; je le ferai parler lui-même à mes lecteurs, afin que chacun puisse saisir, avec moi, les teintes qui le nuancent, à côté des autres peuples de l'Europe, dont il est le voisin par la nature, et l'antipode par son isolement et ses mœurs.

TERRITOIRE DU MONTENEGRO.

La partie du territoire occupée par les Monténégrins, est cette chaîne de hautes montagnes qui s'étendent depuis la vallée de Garba, le long de l'Herzegowine, jusqu'aux confins du district de Castel-Nuovo, du nord au sud, et sur toute la province de Cattaro, de l'est à l'ouest. Le Montenegro tire son nom de sa situation et de son aspect même. Ses masses énormes, autrefois couvertes de sapins, paraissaient noires de tous les côtés et sous tous les points ; cette teinte, d'autant plus sensible, qu'il était tombé une plus grande quantité de neige, au-dessus de laquelle s'élevait leur cime, a dû déterminer sa dénomination chez un peuple guidé par la seule nature ; on l'appelait en langue illyrienne , *Czernogore* , ou *Czernogora* , mont noir ou montagne noire.

On devrait dire en bon italien
mais comme ce furent les *Véniti*
donnèrent ce nom au pays, en traduisant
nom illyrien dans leur dialecte, où l'on dit
negro pour *nero*, on doit donc l'appeler
Montenegro.

Il est situé entre les 36 et 37èmes. degrés
de longitude et les 42 et 43èmes. de latitude.
Il est borné, à l'est, par le Cadalik d'Antivari et la Zante supérieure; au midi, par
les bouches de Cattaro depuis le Pastrowi-
chio, jusqu'à la province de l'Herzegowine;
à l'ouest, par l'Herzegowine; au nord, par
l'Herzegowine, comprise au visiriat Bosniate,
et par les montagnes supérieures de l'Albanie propre : il est, par conséquent, environné de trois côtés par le territoire turc, et
du quatrième, par l'Albanie ex-vénitienne.

Le Montenegro se divise en cinq parties
nommées *nahia*, c'est-à-dire départemens,
qui sont la *Katunska*, la *Rieska*, la *Piessi-*
waska, la *Liesanska*, et la *Czerniska*.

Chacune de ces parties se compose de différens comtés. Dans la première, il y en a

(11)

sept ; *Gnégussi, Cettigné, Biélizzé, Çucé,
Céro* et *Velostovaz.* Ces comtés se forment
de plusieurs communes, dont ils sont les
chefs-lieux. La position en général n'en est
pas heureuse ; le sol, qui n'y est pas fertile,
n'offre, pour la subsistance de ses habitans,
que leurs troupeaux.

La deuxième partie, *Rieska*, se compose
de quatre comtés seulement, qui sont *Gluj-
botjgné, Cekcjgnjé, Gragljanj* et *Dobrogljani,*
qui chacun ont aussi divers villages ; la situation en est plus avantageuse, et offre deux
plaines d'une belle étendue, qu'on nomme
plaines de *Gljubotjn* et de *Cekljgne*; leurs
productions sont abondantes.

La troisième, *Piessiwaska*, est la moins
importante, et se forme d'un seul comté qui
est *Cérovo.* Elle produit un peu de tout.

La quatrième, *Liesanska*, renferme, dans
une grande plaine, deux comtés : *Liesanska,*
qui lui donne son nom, et *Mislaska*, qui va
jusqu'à *Spug*, ville turque. Cette partie est
riche en pâturages et en bestiaux , et quelques vignes aux expositions du midi.

La cinquième enfin, *Czerniska*. Elle comprend sept comtés, savoir : *Gluhido* ou *Glaxjedo*, *Glimgljaj*, *Dupilé*, *Occhinizzi*, *Sottonichi*, *Bercegljé* et *Utergh*. Elle est la plus heureuse, parce que sa situation est la meilleure de toutes.

Les principales rivières sont la *Ricowezernowich*, qui prend sa source aux ravins des versans, entre les mont Lowehien et Coloxum; elle coule entre Bielossé et Xagnewdo, passe devant Gnégussi, traverse la Katunska, et va former sous Cettigné, un lac qui en prend le nom, et d'où elle sort pour se jeter, par un cours moins rapide, dans le lac de Scutari, à travers la Rieska. Cette rivière est très abondante en poissons.

La *Schimzza*, qui se forme de trois ruisseaux et d'autres torrens dont les sources, assez éloignées les unes des autres, viennent des ravins des monts supérieurs, et réunissent leurs eaux à Bichisi, passe sous les deux Comani et le monastère de Saint - Basile, où son cours commence à prendre quelque consistance, et va se jeter dans la

Moraka, à un mille au-dessus de l'embou-
chure du Limi, en séparant la Katunska de
la Rieska.

La *Zetta*, ou *Poria*, qui prend sa source
aux monts Piessiori et se jète dans la Moraka,
vis-à-vis la ville de Podgorizza.

Enfin, la *Sussizza*, qui prend sa source au
nord du mont Piessiori, et débouche sous
Budina, dans la Moraka.

Partout entrecoupée de montagnes et de
vallons, la situation du Montenegro est à
peu près semblable à celle des Alpes, de la
Suisse; mais, en général, d'un style plus sévère; de sorte qu'au premier aspect de tant
d'effroyables rochers, ce pays, pour quiconque n'a pas eu le temps de l'observer, paraît
étranger à toutes les ressources. On verra,
toutefois, par les détails, qu'il s'en trouve
d'assez importantes, susceptibles d'accroisse-
ment par une industrie assortie au sol (1).

Le climat est bien plus doux que celui de

---

(1) Si les Monténégrins étaient plus cultivateurs, ils
pourraient très bien tirer parti de plusieurs de leurs mon-

la Suisse, et peut se comparer, dans sa plus grande partie, à celui de la Macédoine.

Le Montenegro est le seul pays de l'Europe où l'on ne voit aucune ville, ni même aucun assemblage d'habitations qu'on puisse y comparer.

Ce pays, en y comprenant la Zante supérieure, dont il sera parlé dans un paragraphe particulier, a un circuit d'environ cent milles, de soixante au degré. Il présente une surface de quatre cent dix-huit milles carrés.

PRÉCIS HISTORIQUE.

Dans les temps du Bas-Empire, soumis aux empereurs grecs, le Montenegro était compris dans la province dite *Nahia Prevaljtanja*,

---

tagnes, dont les flancs et les pentes paraissent susceptibles de toute culture, principalement celles de Spizza, Crivorezzo et Versno; mais, en général, ils préfèrent la vie nomade, et ont pour principe que repos vaut mieux que richesse.

qui s'étendait depuis les bouches du Cattaro jusqu'au fleuve Drino, et pendant quelque temps jusqu'à la ville de Durazzo. Il embrassait, par conséquent, une partie de la Dalmatie, de l'Albanie, et celle de la Macédoine, connue sous le nom de *Salutaris*. Cette province, comprise dans la Dalmatie, s'appelait *Dalmatie orientale* (1).

Avant d'être soumis aux Romains, le Montenegro l'avait été aux rois d'Illyrie, qui avaient leur résidence à Scodra, aujourd'hui Scutari, capitale, jusqu'à la défaite de Gentius.

Il y avait, dans le même temps, plus d'un roi dans la Dalmatie, laquelle, depuis le fleuve Titius (Kerka), jusqu'au fleuve Drino, comprenait tout le rivage du golfe Adriatique avec les îles adjacentes, et qui, sur le con-

---

(1) D'après Tite-Live et Pline, les Monténégrins doivent être reconnus sous la dénomination de *Gentes labeates*, nom qui leur vient du voisinage du lac de Scutari, *Labeatis Lacus*. Quelques auteurs les désignent aussi sous le nom de *Gentes habitas*, comme qui dirait *possédés par les Romains*.

tinent, s'étendait jusqu'à la couronne des montagnes désignées dans les tables de Ptolomée sous le nom de *Scarda*.

Le roi Gentius ayant été vaincu par les Romains 168 ans avant J.-C., sous le commandement du préteur Lucius Anicius, qui s'empara de la capitale, cette partie de la Dalmatie recouvra sa liberté.

Devenu libre, le Montenegro eut un gouvernement fédératif, ou, pour mieux dire, il entra dans la république fédérative, formée par la plupart des cités et peuplades dalmates, jusqu'à ce que, sous Auguste, il fût réuni, de nouveau, au domaine de l'empire romain, dans lequel il fit partie de l'Orient (1).

––––––––––

(1) L'an 586 de Rome, ou 168 ans avant l'ère chrétienne, ce qui répond à la 155e. olympiade, Gentius, roi des Illyriens, que le roi de Macédoine avait attiré dans son parti, pour opposer un moyen de diversion contre les phalanges romaines, fut totalement défait par elles. Le consul Lucius Anicius Paulus, sorti de Rome au printemps de ladite année, avec Cneus Octavius, commandant les galères, inonda de soldats tout le littoral de l'Albanie et de la

Souvent en proie aux incursions des Goths, et soumis enfin aux Esclavons, il fut incorporé, au sixième siècle, dans leur royaume, dont la capitale était Dioclea; son archevêque était primat de la Dalmatie, de l'Albanie et de la Servie.

Après la chute des rois esclavons, le Montenegro retourna sous la domination de l'empire grec, et fut ensuite soumis aux rois de Servie, lorsque ces princes réunirent à leurs états la Bosnie, la Bulgarie et une partie de l'ancienne Dalmatie.

Ce royaume détruit, le Montenegro appartint à divers princes qui, de simples gouverneurs qu'ils étaient, devenus souverains, se disputèrent les dépouilles de leurs rois.

Cet ordre de choses dura jusqu'à la fin

Dalmatie. Le préteur Lucius Anicius, qui avait sous lui les forces de terre, s'empara de Scodra, répandit partout la terreur et la mort, et obligea Gentius à se rendre à discrétion avec sa femme, ses enfans et son frère. Ce prince, ainsi que sa malheureuse famille, fut conduit à Rome, où il subit l'humiliation de servir de cortége au vainqueur. Du reste, cette guerre fut faite avec tant de célérité, qu'elle se termina en trente jours.

du quatorzième siècle, époque à laquelle Georges , fils de Baossich , roi des deux Zantes, qui , chassé par les Vénitiens, s'était réfugié dans la Russie, près du fils du comte Lazaro. Il céda ces deux pays, ainsi que le Montenegro, à l'un de ces cousins, connu sous le nom d'Etienne Mauromonte, natif de la Pouille.

Celui-ci, pendant l'existence de Georges, fut en butte à toutes les entreprises de ces petits princes, usurpateurs; mais, à la mort de son cousin, il se montra avec toute l'audace que donnent des droits positifs, contestés seulement par des princes faibles, et que n'ont pas avoués les peuples. Il parvint dès lors, avec le puissant secours des habitans, à soumettre une partie des deux Zantes et du Montenegro. Toutefois, il ne jouit pas long-temps de ses avantages, car il fut obligé de prendre la fuite, pour ne pas tomber entre les mains d'un autre Georges, qui commandait en despote dans ce dernier pays, et qui néanmoins sut y régner tranquille pendant le cours de quinze années!....

Enfin, après divers changemens politiques,
et des guerres civiles, auxquelles ce pays à
été si souvent livré, ses descendans, connus
sous le nom de *Czernovitz,* bien qu'alliés à
la noblesse vénitienne, vers la fin du quin-
zième siècle, perdirent la souveraineté, vain-
cus et chassés par les Turcs, l'an 1483.

Dès lors, les Ottomans étendirent leur domination sur toute cette contrée; mais ils n'en
furent pas tranquilles possesseurs. On doit
même dire qu'ils ne purent jamais exercer
sur les habitans qu'une très faible autorité.
Les Monténégrins se révoltèrent sans cesse,
contre tout ce qui appartenait à la Porte,
dans les guerres avec la république de Venise.

La Russie, profitant de la conformité dé
religion, qui, en rapprochant les peuples
par les impulsions de la conscience, établit
entre eux cette conformité sacrée qui résiste à
tant d'orages, avait fait entrevoir depuis le
règne de Pierre-le-Grand, qu'elle ambition-
nait de tenir le Montenegro sous son in-

2*

fluence, dans la seule vue, sans doute, de se ménager d'utiles diversions dans ses fréquentes guerres avec les Turcs ; car le pays , par lui-même, ne serait pas d'une haute importance, s'il n'offrait ces avantages à quiconque aurait su se l'attacher.

Le but que le czar s'était proposé réussit à son gré; les Monténégrins, excités par d'habiles émissaires, prirent les armes, et déclarèrent ouvertement la guerre aux Turcs, dès l'an 1792. Ils se prétendirent libres et indépendans, et ne parurent effectivement s'assoupir un moment qu'en 1718, époque à laquelle ils offrirent de se soumettre aux Vénitiens, tant le joug ottoman leur semblait odieux ; mais ce projet resta sans exécution, à cause de la paix de Passarowichtz, qui fut conclue la même année, et qui rendait sans effet les dispositions réciproques des deux peuples sans cesse harcelés, et irrités des traitemens exercés journellement contre plusieurs d'entre eux; provoqués enfin par des enlèvemens considérables de bestiaux, les Monténégrins attaquèrent les Turcs en 1761, et reprirent, sur l'Albanie turque, la Zante supérieure.

Une trève succéda à cette expédition; elle fut de courte durée. De nouvelles cruautés de la part des Turcs, suscitèrent contre eux un nouvel orage; et dès lors, plus que jamais mus par les mêmes principes, les Monténégrins s'abandonnèrent à leurs justes ressentimens contre la Porte, dans la guerre que l'illustre souveraine du nord, l'habile et prévoyante Catherine, soutint contre cette puissance en 1768.

Ils éprouvèrent quelques revers; et si, depuis, ils ont paru fléchir quelque temps sous la domination ottomane, leur hommage a toujours été plutôt affaire de forme qu'une dépendance réelle; alors encore, se sont-ils maintenus envers cette puissance, dans les mêmes rapports que les Mainotes du Péloponèse; avec cette différence que, plus heureux que les Athéniens et les Lacédémoniens, ils surent profiter de l'époque de 1770 pour secouer entièrement le joug.

L'année suivante, Mehemet, pacha de Scutari, pénétrant, avec une foudroyante précipitation, dans le Montenegro, ravagea tout,
et mit à feu et à sang plusieurs importans villages.

Le *Wladika*, attaché, comme on l'a vu, par
tant de motifs à la Russie, et comptant sur son
appui, prit les armes contre les Turcs en 1788.
L'année d'après, on le vit encore sous la conduite, du major Vukossovioh, s'unir à quatre
cents Impériaux seulement, oser, avec ce faible secours, attaquer l'Albanie, et ravager
les états du nouveau pacha de Scutari, qui entretenait toujours quelque incursion sur le
Montenegro, dont il enlevait les femmes,
les effets précieux, l'argent et les bestiaux,
pour se venger, sur ce pays, de ses liaisons
avec les ennemis de la Porte.

Après s'être montré aussi ouvertement,
tour à tour, pour les intérêts de la Russie et
de l'Autriche, qui paraissaient n'avoir qu'un
même dessein, d'humilier la Porte et de la tenir en haleine, il semblait, non-seulement
naturel, mais équitable, que le Montenegro

pût compter sur la protection de l'une ou de l'autre de ces deux puissances, pour ne pas dire de toutes les deux ; mais point du tout, la paix de Sistow vint révéler aux peuples sur quelle foi peuvent reposer leur confiance et leur dévouement.

Cette paix (1791), en consacrant un honteux abandon, reconnaît les Monténégrins sujets de la Porte, et les livre à la merci de toutes les fureurs ennemies. Les Monténégrins, justement indignés de cette politique, ainsi que de se trouver, malgré leurs espérances et leur volonté, sous la domination turque, jurent, par leur propre courage, qu'ils ne paieront aucun tribut.

Dès lors, hommes, femmes, enfans même, tous s'arment et s'opposent, avec vigueur, aux exécuteurs des ordres du pacha, dont plusieurs sont massacrés.

Le Turc, irrité d'une aussi persévérante opposition, réunit toutes ses forces, et, de nouveau, marche en personne, pour réduire ces peuples à l'obéissance; mais cette entreprise, aussi mal exécutée que conçue, tourne à la honte du despote, que le peuple n'avait pu, ni dû vouloir reconnaître.

De nouvelles entreprises menacent l'indépendance du Montenegro. Mais cette fois, une voix puissante, une voix redoutable pour la tyrannie vient répercuter au fond de toutes les âmes ; le nom de liberté se fait entendre ; les échos en retentissent, et ce nom sacré, devenu le creuset où toutes les volontés se confondent, pénètre jusque dans la cellule du *Wladika*.

Celui-ci, toujours d'accord avec le peuple quand il s'agit de son indépendance, ne perd pas un instant, ne néglige aucune occasion.

En 1795, pour mettre enfin un terme à des vexations toujours renaissantes, il s'arme conjointement avec les peuplades du pachalick soumis ; il attaque lui-même le pacha, et conquiert sur ses mortels ennemis, le reste du district de la Zante supérieure, dont il avait déjà eu la possession.

Il se battit alors en personne, avec une héroïque valeur, contre Mamoudh Busacklia, pacha qui commandait un corps de douze mille hommes, parmi lesquels on comptait deux mille cavaliers. Le *Wladika* se vengea complétement des incendies, des ravages et des sanglans affronts dont le barbare pacha s'était fait un affreux système.

Dans les premiers combats, le pacha fut repoussé avec des pertes considérables ; dans le dernier, s'étant imprudemment engagé dans les défilés et les gorges de *Cettigné*, il fut pris ; on lui coupa la tête, qu'on voit encore dans la chambre même du *Wladika*, au couvent de *Cettigné* ; on la montre toujours avec une nouvelle ostentation.

Tant d'avantages n'ont pas empêché qu'on ne conteste encore aux Monténégrins la légitime possession de la Zante, qu'il ne faut pas confondre avec les monts supérieurs qui comprennent dans l'ancien territoire de Montenegro, la Liesanska et la Piessiwaska.

Aussitôt après la défaite de Mamoudh Busacklia, le Montenegro tendit à la démocratie ; ce fut, néanmoins, dans ce même temps que le *Wladika* prit sur le peuple un tel ascendant dans les assemblées, qu'on ne l'appelait pas autrement que *Nasc Kraigl*, c'est-à-dire notre roi : étrange contraste dans les conceptions, comme dans les volontés des peuples !

Au surplus, tous ceux qui ont pu parcourir ces contrées et qui s'y sont livrés à l'exacte observation, ont vu les Monténégrins lassés du joug, se battre sans cesse contre tous les commandans turcs limitrophes, toutes les fois qu'il importait à leur liberté et à la conservation de leurs limites, malgré les revers et les dévastations horribles qu'ils éprouvaient. Aussi ne furent-ils jamais réellement tributaires, ni des Turcs, ni des Vénitiens, comme semblent l'établir quelques relations suspectes. Tout ce qu'on peut dire, c'est que quelques villages, isolés sur l'extrême frontière, et par conséquent privés de secours, ont été momentanément soumis par les Turcs depuis l'an 1804; et quoique les Monténégrins se soient mis sous la protection spéciale de la Russie, ils se vantent d'être dans la plus absolue indépendance, et agissent même en conséquence.

Cattaro sous Monténégro.

CHAPITRE II.

Mon admission sur le territoire des Monté-
négrins. — Leur manière de recevoir les
étrangers. — Difficultés pour obtenir les
honneurs de l'asile. — Sécurité, une fois
l'entrée obtenue.

Nous voilà parvenus précisément au point
de l'histoire où se trouvaient les Monténégrins, lorsque je parus au milieu d'eux. Je
vais suivre mon itinéraire, pour ne rien
laisser au doute et à l'incertitude. Mon lecteur voyagera avec moi; mais je lui épar-
gnerai les détails inutiles au jugement qu'on
doit s'en former.

Je partis de Cattaro, le 10 novembre 1810,
accompagné seulement d'un chasseur du
60ème. régiment de ligne (1). Quelques jours

______

(1) Ce chasseur, qui m'accompagna partout, et qui ne

auparavant , j'avais écrit au gouverneur
pour lui annoncer mon arrivée , et lui demander une escorte. Cette démarche était
indispensable, pour n'inspirer aucune inquiétude, et pouvoir voyager avec sécurité.

A mon approche de la frontière , je trouvai un détachement de vingt-quatre hommes
d'armes qui nous saluèrent d'une décharge
de mousqueterie; ils vinrent ensuite à ma
rencontre , s'approchèrent respectueusement, et après une infinité de révérences
profondes, le chef du détachement fit avancer un enfant qui portait deux bocaux de
vin , dont l'un était blanc et l'autre rouge.
« Celui des deux, dit-il, auquel tu donneras la
» préférence, nous le boirons. » Je choisis le
blanc.— Je vis, en effet, qu'ils ne burent que
de cette qualité, dont ils avaient une ample
provision , ainsi que du rouge.

---

manquait ni de tenue, ni de jugement, reçut à son retour
dans son corps, le sobriquet de Monténégrin , lequel lui
resta jusque dans la garde impériale, où il passa quelque
temps après. Ce ne fut même que sous cette dénomination
que je pus le retrouver.

Le frère du gouverneur, qui s'était joint au détachement, me fit les plus honorables démonstrations. En mettant le pied sur le territoire, je lui remis mon épée, autant pour lui donner une marque de déférence, que pour lui faire entendre que ma confiance était entière. « Je repose, lui dis-je, sur la » foi d'un peuple guerrier »; parmi vous, je n'ai plus besoin d'arme; je la reprendrai à ma sortie de votre territoire.

Cet homme la reçut avec transport, la pressa sur son cœur, et me dit avec l'expression du sentiment : « *Nous mourrons avant* » *toi.* »

Le détachement d'honneur, s'étant divisé en deux pelotons, le commandant se rangea près de moi, et nous marchâmes ainsi jusqu'à *Verba*. Notre marche fut lente, parce que le sol, non-seulement présente partout des obstacles, mais encore parce que tout excitait mon étonnement et mon attention. Tant d'imposans aspects pressant mes pensées, occupaient ma curiosité, et multipliaient mes stations.

DESCRIPTION TOPOGRAPHIQUE.

Bientôt j'acquis la conviction que le Montenegro n'est pas, comme l'ont avancé quelques auteurs, ni comme quelques éditeurs l'ont consigné dans des dictionnaires géographiques, un pays environné de montagnes ; c'est, au contraire, un pays de rochers, élevés sur toutes les autres contrées qui l'environnent.

Une seule montagne remarquable par sa prodigieuse élévation sur toute la contrée, est *Monte-Sella*, ou plutôt *Monte-Cœlo* ; elle tire son nom de deux causes bien différentes ; le vulgaire l'appelle *Monte-Sella* d'une certaine forme qui, vue de quelques points éloignés, notamment de Castel-Nuovo et de la pointe d'Ostro, présente la figure d'une selle ; idée absolument étrangère, qui est le produit d'une imagination dépourvue de justesse dans son application ; parce que, si cette forme paraît telle sous un point d'optique, sous mille autres elle change, et disparaît totalement de la perspective.

De plus sages, de plus instruits, l'ap-
pellent *Monte-Cœlo*, par rapport à sa plus
grande élévation sur toutes les autres, et
qui, la rapprochant davantage du ciel,
semble du moins justifier l'emploi de cette
expression.

Quoi qu'il en soit, l'aspect du Montenegro
est sur tous les points d'un effet sinistre ; les
abords en sont partout difficiles et périlleux.
Aucun chemin tracé n'y conduit, et l'on n'y
peut pénétrer, avec le moins d'inconvéniens,
que par la Czerniska.

Partout ailleurs, c'est un entassement
confus de rochers suspendus, ou alternativement affaissés les uns sur les autres, qui
offrent le spectacle de la nature, cédant aux
efforts d'un bouleversement général.

De tous côtés, les yeux sont frappés par
d'affreux brisemens qui semblent ouvrir les
entrailles de la terre aux yeux de l'avide
observateur, et d'aspérités où se peignent
au loin les images successives des ruines de
quelques constructions cyclopéennes, frap-
pées du ravage des temps. On en retrouve

des vestiges à Napoli de Romanie; elles servaient de forteresses.

Les communications les plus habituelles de la province de Cattaro au Montenegro, ont lieu par le village de Scagliari, en laissant le mont Vermoz et le fort de la Trinité à la droite; et par le hameau de Spigliari, commandé par le fort Saint-Jean.

Ce dernier chemin qui se dirige sur *Verba*, premier village du Montenegro, est le plus court; et quoique le plus dangereux, il est le plus fréquenté par les Monténégrins eux-mêmes, pour toutes leurs relations avec la province de Cattaro, mais principalement avec les marchés.

Je me suis servi de l'expression de chemins pour désigner les points par où l'on pénètre dans le Montenegro ; mais, à parler vrai, le terme est impropre, et je n'en trouve aucun qui puisse bien rendre mes idées; celui même de sentier ne peut lui convenir; c'est une contrée faite tout exprès pour ceux qui l'habitent, et pour eux seuls. Ah! sans doute l'auteur des choses, dans la cons-

tante harmonie de ses déterminations, a
toujours assorti l'homme au sol, et le sol à
l'homme, selon la sagesse de ses sublimes
desseins.

Qu'on se figure un **amphithéâtre** à trois
immenses gradins, dont chacun est un composé de mille autres montagnes, et qui, du
sein des ondes s'élevant presqu'à pic, ne
montre aucune trace d'habitations. Il faut
gravir de cavités en cavités, sans cesse re-
produites par les accidens de la décomposi-
tion de ces masses inertes.

Dans les moindres espaces, on rencontre
des passages dont la coupe ferait perdre l'é-
quilibre au plus exercé marcheur, s'il ne se
tenait en garde et incliné vers la montagne
dont il est prudent de ne jamais abandonner les saillans ou les rameaux qui croissent
à travers les gerçures des rocs.

Dans d'autres passages, le sol est couvert,
sur de grandes surfaces, de fragmens amon-
celés, qui, faiblement soutenus à la base,
et cédant au moindre mouvement im-
primé, entraînent à 15 ou 20 pas, et retar-

dent la marche en la rendant aussi dangereuse que pénible. Aussi, est ce avec des
peines incroyables qu'on arrive au premier
plateau.

Là, se présente un pays assez étendu,
mais agreste, rude, partout aussi couvert
de débris des rochers entraînés par la chute,
ou apportés par les eaux sauvages. De cet
endroit, on découvre au delà du mont Vermoz, le golfe Adriatique dans toute l'étendue
de la vue.

Déjà de cette élévation, le mont Vermoz,
lui-même, quoique d'une hauteur considérable, paraît être au niveau de la mer, et
n'offre plus qu'une surface plane avec la
province de Cattaro.

Veut-on avancer vers le pays habité? Le
plan de ce premier plateau semble n'avoir
aucune issue; un nouveau corps de montagnes élève un imposant obstacle, et le voyageur avance lentement, oppressé par l'inquiétude et l'irrésolution.

Cependant on approche, et l'œil satisfait
découvre dans le corps de l'immobile car-

rière, des enfoncemens qui font pressentir des débouchés.

En effet, à l'aide de guides, on s'engage dans les flancs de la terre par des sentiers resserrés; long-temps on marche entre des montagnes tellement rapprochées, tellement semblables dans la qualité, comme dans l'inclinaison des couches des diverses matières qui les constituent, qu'on peut, sans rien hasarder, avancer que ces ouvertures ne sont autre chose que des écartemens produits par quelque tremblement de terre, ou par la gravitation centrique des masses, lorsque l'invisible point d'appui, sur lequel elles reposent, vient à être miné par la longue succession des siècles.

Après une heure, on sort de ces *étranglemens*; on marche deux heures encore, et l'on arrive insensiblement au plateau du deuxième gradin, d'où le premier paraît se confondre encore avec le plan général que l'on découvre au loin sous ses pieds.

Poursuivons : mêmes scènes, d'une part; de l'autre, des sites plus étonnans encore; le

3*

tableau se rembrunit; des rochers inaccessibles, noircis par le temps, privés de toute verdure, attristent la pensée, en produisant aux yeux le spectre colossal d'antiques montagnes décharnées par les tempêtes successives ou par le choc des révolutions universelles.

Là se perd encore une fois l'espoir de passer outre; le cordon qui borne la vue semble impénétrable, et cependant à l'approche, divers dégagemens frappent tout à coup les regards encore incertains; on gravit de nouveau par les sentiers les plus raboteux, et enfin l'on arrive sur le plan d'où s'élève Monte-Cœlo, et où déjà le froid se fait sentir, à toutes les époques de l'année.

C'est là que l'âme, pour la première fois, se répare du trouble et de l'anxiété qu'apportent en elle l'incertitude d'une marche périlleuse, les traces d'une confusion générale, le silence attristant de la nature déserte, et l'empreinte d'une désespérante stérilité.

La scène est changée; une vaste plaine se

développe aux regards, et ses lointains produisent, dans le même cadre, la magie des
plus frappans contrastes.

A gauche, en dirigeant la vue vers les
monts qui bordent l'Herzegowine, une
étendue considérable de terres à bruyères sert
de pâturages à de nombreux bestiaux, qui
répandus de tous côtés, varient le tableau
en attestant l'abondance.

A droite s'élève orgueilleusement Monte-
Cœlo. Sa cime majestueuse se perd dans la
région où se forme la foudre; elle n'est accessible qu'aux frimas. Les neiges éternelles
qui couvrent la partie inerte sont bordées,
au point où commence la végétation, de
sapins antiques, au travers desquels serpen-
tent divers ruisseaux qui, s'échappant en
cascades volumineuses, à des profondeurs
incalculables, s'y précipitent avec le fracas
des plus bruyantes cataractes.

Long-temps, dans le silence de l'admiration, nous jouîmes de loin, de la perspective qui est ravissante; nous approchâmes
enfin de ce mont rarement fréquenté. Alors,

le cri des animaux sauvages, les chants aigus des oiseaux carnassiers, le bruit précipité et continu des eaux de tant d'autres
points qui, sans interruption, se répètent au
loin dans d'effroyables cavernes, avec des
dégradations infinies ; l'apreté des sites ,
l'inclémence du climat, les masses rembru-
nies des nuages qui se pressent et s'a-
moncellent, et les éclats du tonnerre, qui
presque toujours gronde dans cette saison ,
tout nous fournit l'idée affreuse du dérégle-
ment de l'atmosphère, de la confusion des
élémens; en un mot, des écarts des lois de
la nature. Là, tout forme un douloureux
ensemble, dont l'image importune, et qu'on
ne peut saisir sans recueillement et sans
effroi.

Mais si, bravant les fatigues d'une longue
marche, la chute d'énormes glaçons qui se
détachent inopinément, les dangers de l'af-
faissement des neiges, et les atteintes des
vents furieux, vous osez vous élever jusqu'à
la cime, pour planer en même temps sur
l'intérieur de cette contrée, et découvrir la

mer dans une vaste étendue, quel brillant spectacle ! quelles œuvres puissantes confondent le fol orgueil de l'homme, et attestent le grand Etre ! Combien de riches tableaux élèvent l'âme, en se dessinant largement dans l'immensité de l'horizon !

Telles sont les impressions que ressentira tout observateur né sensible, en parcourant cette partie du Montenegro.

Je ne pus m'en éloigner, sans m'instruire de ce qui pouvait intéresser l'ornithologie , à cause de la variété des cris qui frappaient mes oreilles. D'après les réponses des naturels, elle n'offre là aucune rareté ; on n'y voit que les oiseaux connus jusqu'ici au reste de l'Europe ; mais, sous ce rapport, il y a matière à intéresser les curieux ; toutes les espèces y sont réunies ; les oiseaux de proie y sont fréquens. L'aigle et le vautour s'y distinguent par une prodigieuse grosseur. Différens oiseaux de passage s'y montrent à plusieurs époques de l'année ; mais chaque espèce n'y séjourne que dix à douze jours ; ils y arrivent par nuées.

Entre les bêtes féroces , on y remarque l'ours , le loup et le sanglier ; mais aucune espèce n'y est nombreuse , parce que les Monténégrins étant un peuple de chasseurs et de bergers , il est naturel qu'ils cherchent tous les moyens de conserver leurs troupeaux , qui font leur principale richesse ; aussi , toujours armés , toujours ambulans , ils sont toujours prêts à détruire les animaux nuisibles à leur genre d'industrie.

Arrivée à Verba , *à* Xalassi , etc.

De là nous dirigeâmes notre marche vers l'intérieur. Le premier village que l'on rencontre sur la direction de Cattaro vers le chef-lieu du Montenegro par Spigliari , est *Verba* , où l'on arrive par un chemin qui , seulement après quatre heures d'une horrible solitude, annonce un pays habité.

Verba n'est cependant qu'un petit village ,

bâti rustiquement en grosses pierres informes, sur un sol rocailleux. Là, néanmoins, commence le premier terrain un peu façonné, car jusqu'alors nous n'avions remarqué que quelques poiriers sauvages répandus çà et là. Le village est un de ceux qui fournissent les marchés de Cattaro, ainsi que Miraz, Xalassi-Veliki, Xalassi-Mali, Zagluit, Çucé et Braich.

De *Verba* à Braich on marche sur un terrain couvert de silex, qui semblerait devoir le rendre stérile, et qui, loin de nuire aux productions, s'y montre utile au succès de la culture (1).

---

(1) Un habitant s'imagina de faire enlever le silex dans une partie de son terrain, et il n'obtint que de très minces récoltes; l'expérience répétée sur plusieurs points, donna les mêmes résultats; il les fit reporter. La raison en est physique : pour que les plantes puissent arriver au terme de leur perfection, relativement à l'état dans lequel elles doivent être récoltées, il faut qu'elles soient semées ou plantées à une distance convenable à leur nature et au développement de leur volume. Il existe donc des espaces où il importe peu que la superficie soit ou non chargée de cail-

C'est dans ce même trajet que l'on rencontre, à droite et à gauche, des maisons isolées, qui, comme sur le reste du territoire, sont construites grossièrement de branchages et de terre.

Elles sont couvertes d'écorces d'arbres, divisées en deux parts égales ; elles ont depuis 25 à 30 pieds de long, et 4 à 5 pouces de large. On pose ces écorces dans leur longueur, sur le ceintre, d'où elles s'inclinent des deux côtés sur les murs ; et placées l'une à côté de l'autre en recouvrement alternatif, à la manière des tuiles, elles abritent parfaitement la maison.

De très grosses pierres sont fixées de chaque côté, à des barres de traverse qui

---

loux. Il suffit que les racines soient couvertes de terre ; car à peine les lobes de la semence s'ouvrent, que l'air attire la tige, à travers les cavités produites par les points de contact des pierres. Il y a mieux : c'est que, dans les pays chauds et secs, elles y maintiennent la fraîcheur, et garantissent plus long-temps de l'évaporation diurne, la rosée à laquelle elles servent de conducteurs sur les plantes qui la reçoivent immédiatement à leur pied.

contiennent cette toiture , afin d'éviter les secousses des vents.

Ces maisons n'ont , pour la plupart , qu'une pièce dont le foyer est au milieu ; les gens et les bêtes y habitent en commun.

Xalassi-Mali , Xalassi-Veliki (*Mali* en illyrien signifie petit ; *Veliki* veut dire grand), et *Zagluit*, sont des villages plus importans, par leur position, qu'on ne le pense. Ils observent toute la province ; c'est le rendez-vous de tout le Montenegro. Au moindre événement , c'est là que les orateurs du pays exercent leur talent et préparent les entreprises.

Braich n'offre rien de remarquable , si ce n'est la quantité de topinambours qui y croissent de toutes parts sans culture , et dont la plus grande partie est destinée à la nourriture des cochons. Mais tous les naturels qui ont voyagé , en mangent. Cette production commence à devenir d'un usage journalier.

En avant de *Braich* , nous trouvâmes établi un poste de Monténégrins , qui avait ordre de se joindre à nous à notre passage, après nous avoir rendu les honneurs militaires par des décharges de mousqueterie à l'ordinaire. Ainsi réunis, nous arrivâmes auprès de *Gnégussi*, lieu de la résidence du gouverneur.

A vingt-cinq pas des premières maisons, le gouverneur vint à ma rencontre, accompagné du Protopapa, ou le plus ancien, le premier des curés (un pope est un prêtre ordinaire), de deux popes, de toute leur famille, et de 60 hommes d'armes de la première distinction.

Après les premiers complimens d'usage, le gouverneur me prit la main gauche, qu'il porta sur son épaule droite, et posant sa main droite sur mon épaule gauche : « Tu veux donc, me dit-il, faire mon » bonheur en me donnant un ami, car » tu ne viens pas pour nous nuire. Je » t'aime déjà, puisque tu as osé venir » parmi nous. Les étoiles disparaîtront » toutes du firmament avant que je t'ef- » face de ma mémoire. » Aussitôt il fit un signe, et l'on nous conduisit chez lui, où, en entrant, nous vîmes les apprêts d'un repas destiné à une très nombreuse compagnie.

Le tir des fusils, des boîtes, la sonnerie des cloches, les acclamations du peuple, tenaient du délire.

On se formera difficilement une idée de la promptitude avec laquelle, de tous les points les plus éloignés du bourg, le peuple se porta vers l'habitation du gouverneur. L'affluence était considérable ; tous se pressaient pour m'observer ; les femmes, les enfans surtout qui n'ont pas encore abandonné le toit paternel, paraissaient dans l'admiration. On s'écriait de toutes parts : *Bogh ! soldata od Napoleona !* Dieu ! un soldat de Napoléon !

Comme pour la commodité du voyage j'avais chaussé leurs spadrilles ou *opankes* (1),

______

(1) Espèce de cothurne approchant beaucoup du mode romain. Un des plus grands honneurs qu'on puisse faire à un étranger, c'est de lui offrir une paire de *spadrilles.*

dans le ravissement où ils étaient de me voir adopter leur chaussure nationale, ils venaient à l'envi me baiser les mains et les habits.

Je fus traité avec distinction, et avec une politesse extrême, par le gouverneur et sa nombreuse famille. Les primats se disputaient l'honneur de participer à ma garde, et d'être le plus près de moi, soit à table, soit dans les visites que j'eus à rendre au Proto-papa, ou au Knès (1), soit dans les diverses réunions qui eurent lieu aux époques ordi-

---

Cette chaussure, dont la partie inférieure est de peau de chèvre très douce, est de nécessité dans un pays où l'on marche constamment sur les roches. On glisserait à chaque pas, avec l'usage du cuir ordinaire. Les mots *spadrilles* ou *opankes* sont synonymes dans la Morlaquie, la Bosnie et la Dalmatie; cependant le premier s'emploie particulière- ment par les habitans du littoral, qui font un plus fré- quent usage de l'italien.

(1) *Knès*, signifie le plus ancien des primats séculiers. Il jouit d'une grande considération; il a le premier voix délibérative dans les assemblées ; c'est ordinairement l'oracle de sa contrée. Il ne porte, au reste, aucune marque distinctive.

naires, ou par l'occasion de ma présence : circonstances qui toutes concoururent puissamment à mes vues d'observation.

Gnégussi, lieu de la résidence habituelle du gouverneur, présente le plus bel aspect; un terrain considérable au centre de montagnes du troisième ordre, offre un vaste plan circulaire; de nombreuses et grandes habitations l'environnent au pied des monts, et s'y élevant en amphithéâtre, produisent l'effet le plus agréable. Cet effet disparaît à l'approche. Les maisons qui, de loin, semblent ne former qu'un cordon continu, sont très éloignées les unes des autres, et la plupart environnées de jardins; néanmoins, c'est un bourg des plus considérables où se tiennent de fréquens marchés pour le pays. C'est le siége de l'autorité temporelle.

Les maisons, qui y sont presque toutes à un seul étage, sont aussi toutes construites de la même manière, en très grosses pierres, taillées sans beaucoup de soin; elles sont couvertes de dalles brutes, et disposées sans régularité. Tout prouve que les arts sont ignorés, ou tombés en désuétude. Point d'architecture, point de règles, point d'ordre dans la construction des maisons. Chacun y est son propre architecte, et lorsqu'il s'agit d'une construction de quelque importance, on a recours à des maçons étrangers. Les couvens, les presbytères, sont bien bâtis; la maison du gouverneur et celles de quelques notables sont de ce nombre; aussi offrent-elles un singulier contraste avec tout le reste.

Nulle part, ailleurs que dans les temples, on ne rencontre les traces de la sculpture; aucun genre de décor, ni à l'intérieur, ni à l'extérieur d'aucune habitation particulière; les meubles mêmes qu'on voit dans quelques endroits sont très grossièrement travaillés; et ceux qui réunissent à l'utilité quelques formes agréables, y ont été apportés de la Pouille, de Trieste, et plus souvent de Venise, par la province de Cattaro.

Quant à l'intérieur des maisons, une seule description suffit à toutes. Les habitans cou-

chent par terre sur des nattes, ou sur des ta-
pis de lisières (1).

Le feu s'y fait partout au milieu d'une
pièce-spacieuse ; des pierres ou des escabelles
de gros bois sont placées autour ; on s'y assied
en rond. C'est là aussi que se préparent les
alimens.

L'usage des meubles n'y est presque pas
connu ; une ou deux planches suspendues à
des tringles de bois rustiquement tendues ,
servent à placer le laitage et les viandes
destinées à la nourriture journalière.

Les habits sont accrochés à des chevilles
dans un angle ; quelques coffres renferment
ce qu'ils ont de plus précieux en papiers, argent, ainsi que les habits de gala, et les
vaisselles ou vases servant aux fêtes de famille. Ces coffres, qui sont très portatifs, sont
d'un usage commun à tous les peuples de ces
contrées, où les guerres continuelles n'ont
jamais permis des établissement solides , ni
aucun mobilier de quelque importance. Les

____

(1) Il ne faut excepter que quelques notables par village.

1.   4

incursions, en effet, y sont fréquentes et ino-
pinées; aussi, au premier bruit, tout s'enlève
en un instant.

Imbus de la vanité de tous les peuples bel-
liqueux, ils font consister leur plus véritable
satisfaction dans la plus grande quantité d'armes, les meilleures et les plus riches; c'est là
l'objet du luxe national; ils lui sacrifient tout.
Aussi le faisceau d'armes est-il le plus beau
meuble et le plus apparent de la maison ;
dans plusieurs, c'est l'unique.

Costume du Gouverneur du Monténégro.

CHAPITRE III.

Du Gouverneur et du Gouvernement.

Le gouverneur actuel , en 1813, est du nom de *Boghdanò Radonich.* Il descend d'une famille très ancienne, qui, de père en fils, possède cette dignité depuis bien long temps , abstraction faite de quelques lacunes causées par les agitations intestines, mais de peu de durée.

Cette famille a mérité , dans le système du pays, de conserver cette dignité par la bravoure qui la distingue , et un amour patriotique qui, dans toutes les occasions, l'entraîna jusqu'à la témérité dans les entreprises les plus hasardeuses.

Boghdano est âgé de quarante ans; sans être d'une haute stature, il est très bien fait, et joint à des traits réguliers, la physionomie la plus avantageuse; il réunit la noblesse à la

4*

douceur, et porte l'empreinte de la franchise la plus persuasive; sa conversation,
sans être fleurie, est aisée, judicieuse. Il a
acquis un ton d'urbanité qui contraste bien
avec l'âpreté d'un sol sauvage et à la rusti-
cité de ses habitans.

Du Costume du gouverneur les jours d'étiquette.

Il se compose, 1º. d'une veste, ou jus-
taucorps de satin bleu céleste, parsemé,
sur le devant, d'abeilles d'or massif, et qui,
par l'ordre qu'on leur a donné, le font ressembler à une cotte de mailles.

2º. D'un manteau court de satin gros
rouge, de coupe espagnole; il est fixé, à la manière antique, par des agrafes et des boutons d'or, en forme de globes très gros. Ces
mêmes vêtemens sont de drap, et de mêmes
couleurs, pour l'hiver.

Il porte un chapeau rond, qui dans les
grandes cérémonies, et selon leur importance, est orné de plumes blanches ou
noires.

Sa ceinture est de satin cramoisi, brodée d'or, en feuilles de laurier et d'olivier enlacées.

Ses pantalons, courts, sont très larges, à la manière turque ; ils sont fixés à la ceinture par un cuir au lieu de boutons. Il se sert de bas de soie ou de coton , selon les diverses occasions ; il se montre alternativement, en bottes ou en souliers bouclés ; souvent en *opankes,* mais plus souvent aussi en babouches , chaussure habituelle aux Turcs, et dont la forme est à peu près celle de nos pantoufles.

Ainsi que tous les autres habitans, le gouverneur marche constamment armé d'un fusil sur l'épaule, d'un ganzard, ou poignard long d'environ deux pieds, ou petit sabre, et de deux pistolets à la ceinture. Ses armes sont belles et de très grand prix.

Il est décoré des ordres de Saint-Georges et de Sainte-Anne de deuxième classe de Russie. Les croix de ces ordres sont d'un fini admirable, enrichies de pierres précieuses, toutes de belle eau, dignes présens du grand monarque dont ils attestent la munificence.

Tout cet ensemble sied à merveille au gouverneur : mais c'est un grand sujet d'étonnement de voir ce chef revêtu d'habits à l'espagnole, chez un peuple qui en porte de si disparates, qui n'a aucune sorte de relation avec l'Espagne, et qui a établi en principes que nul ne peut se vêtir que de l'habit national.

J'en témoignai ma surprise, et cherchant à m'instruire, je demandai s'il fallait attribuer cette circonstance à quelques motifs politiques; si quelque événement lié à l'histoire de ce pays, ou le choix libre, avaient présidé à cette préférence ?

On me répondit que, depuis plus de deux siècles, les aïeux de *Boghdano* ayant expédié, du port de Cattaro, en Espagne, un bâtiment monté par un capitaine de leur famille, ils l'avaient chargé de présens pour le gouverneur du port où il devait mouiller ; qu'il en reçut, en retour, divers objets, au nombre desquels il y avait un habit à l'espagnole, de la plus grande richesse ; que cet habit plut beauccoup, et par l'éclat de ses couleurs, et par la cotte de mailles d'or pur dont il resplendissait ; que le gouverneur régnant alors, s'étant aperçu que le peuple le voyait avec admiration, avait jugé avantageux de l'adopter ; et que l'usage s'en était transmis. M. le gouverneur de ce temps, comme on voit, avait déjà compris qu'il fallait parler aux yeux pour obtenir l'hommage de la multitude. Le gouverneur *Boghdano* agit aussi par d'autres principes ; la loyauté de son administration et l'amour qu'il porte aux siens lui assurent leur dévouement.

Quoi qu'il en soit, je crois avoir découvert quelques raisons de penser que le costume du gouverneur a eu d'autres causes.

On sait que les Espagnols furent longtemps les maîtres du littoral dalmate, depuis Sabionello jusqu'au territoire de l'Albanie ; qu'ils firent des établissemens sur les confins de la Morlaquie, de l'Herzegowine et du Montenegro, pour assurer leurs conquêtes contre toute entreprise de ces côtés ;

qu'ils bâtirent, entre autres, dans le territoire de Castel-Nuovo, un fort de quelque
importance, qui porte encore le nom de fort
Espagnol; et comme il n'y a nul doute que le
peuple monténégrin, ou du moins ses chefs,
eurent des relations avec les chefs espagnols,
ils en reçurent l'habit, ou le prirent pour mo-
dèle.

Jusqu'alors, les gouverneurs monténégrins avaient porté le *gunine,* ou casaque
courte, qui est le véritable habit national,
sans autre distinction que la ceinture et le
surtout en forme de ce qu'on connaît, depuis quelque temps, sous le nom de *spencer.*

Les frères du gouverneur n'ont aucune
marque qui les distingue du reste de la nation. Ils sont six, tous d'une bravoure qui,
à l'épreuve des plus grands événemens, impose aux habitans la crainte et le respect.

Cette famille est des plus nombreuses ; le
gouverneur lui-même a sept enfans qui sont
élevés dans la maison paternelle; son épouse
est à la tête de sa maison, comme une bonne
fermière; les frères, sœurs et belles-sœurs

vivent en communauté dans la maison du gouverneur (1).

Il ne faut pourtant pas s'imaginer que ce chef habite un palais somptueux, qu'il ait des gardes, une cour brillante. Rien de tout cela n'est encore devenu nécessaire au respect du peuple ; il le commande bien plus par une austère équité, et une conduite que chacun est à portée d'apprécier. Mais aussi quelle différence entre une administration simple et le gouvernement d'un grand empire!

Toutefois, l'habitation du gouverneur est beaucoup plus spacieuse et bien plus commode que celle des particuliers ; elle est mieux entendue dans son exécution ; c'est, à parler exactement, celle d'un de nos riches

---

(1) Le premier jour de mon arrivée j'aperçus tous les enfans de la maison du gouverneur couverts de petites casaques, ou gilets, croisés sur le devant, en étoffes de soie de différentes couleurs, où le cramoisi dominait. Mais ils étaient tous sans bas, sans souliers, et tête nue ; ils étaient accroupis autour du foyer et tout couverts de cendres. Le lendemain je les vis différemment vêtus.

fermiers. Je ne pus cependant interdire à mes regards d'exprimer ma surprise pour autant de simplicité; il me pressentit et me dit un jour avec aménité : « Je désirerais te rece- » voir plus dignement. — Vous me comblez » de bontés.— « Mon habitation n'a rien, il » est vrai, qui ressemble à celle d'un chef de » pays. N'importe, mon bonheur est lié à cet » ordre. »— Les palais ne renferment pas les plus heureux, lui dis-je ; je me suis jusqu'ici trouvé très bien chez vous ; vos procédés, vos attentions entrent dans mes principes ; elles me plaisent beaucoup plus que les politesses guindées que l'on reçoit sous les plus riches lambris. J'y ai dormi d'un sommeil paisible , parce que j'ai cru que votre gaieté tenait au sentiment doux que donne la faculté de faire le bien dans l'exercice de l'hospitalité.

Le gouverneur applaudit à ma réponse, et me dit là-dessus beaucoup de choses ai- mables, et qui prouvaient la justesse, la finesse même de ses observations, car il avait beaucoup voyagé dans le nord et l'orient de l'Europe ; mais que je ne rapporterai point ici, comme étant hors-d'œuvre et inutiles à mon sujet.

Ainsi que le Wladika[1], le gouverneur vit de ses revenus particuliers. Ils consistent en possessions foncières, en nombreux troupeaux et en une part à la pêche. On assure aussi que la Russie lui fait une rente annuelle de 6000 ducats. Je n'en saurais garantir l'authenticité, car le gouverneur, à qui j'en parlai un jour, sans s'expliquer affirmativement, parut me faire entendre le contraire.

Il était naturel que je profitasse de mon séjour à *Gnégussi* pour acquérir des connaissances sur les formes du gouvernement monténégrin ; je ne pouvais m'adresser mieux qu'à un homme qui en est l'un des premiers membres, et dont la famille, depuis si long-temps, exerce dans ce pays les charges les plus importantes. Le gouverneur me fournit, à cet égard, les renseignemens les plus exacts.

Du Gouvernement.

Le peuple monténégrin, dans l'origine, choisissait, me dit-il, immédiatement ses chefs. Chaque village nommait un *Vaivode*, ou capitaine de la commune. Chaque *Nahia*, ou province, département, ou district, élisait deux chefs nommés *Sardars*; la réunion des sardars choisissait le chef suprême de la nation, qui prenait le titre de gouverneur. Quelquefois c'était le peuple en masse qui l'élisait lui-même; et il est arrivé aussi que le peuple le destituait, et lui tranchait la tête. Peu à peu cette dignité était devenue transmissible de père en fils. Ses attributions consistaient dans la direction générale des affaires politiques et militaires du pays.

Aujourd'hui la forme du gouvernement n'est plus la même. Le gouvernement actuel se compose, 1°. du *Wladika* ou prince-évêque; 2°. du gouverneur, et 3°. de cinq sardars, ou chefs de nahia, pour contrebalancer les deux autres pouvoirs et en maintenir l'équilibre.

Le gouverneur et les cinq sardars sont élus par les knès ; ceux-ci le sont par les vaivodes, et les derniers par les communes.

Depuis l'avènement de Pierre Petrowich, Wladika actuel, les gouverneurs n'ont plus qu'une vaine autorité. Ce pontife s'est saisi de tous les pouvoirs dont il use d'une manière absolue, mais conformément à l'avantage de son pays.

Il a dû, néanmoins, conserver dans leurs places les gouverneurs et les sardars; mais, au fond, il tient l'autorité suprême à lui seul, et n'en laisse presque plus que l'ombre à ses assistans, qui, conséquemment, ont perdu beaucoup de leur influence; ce sont, à peu de chose près, des paysans comme les autres ; le gouverneur lui-même n'est que le *primus inter pares*.

Ce peuple se flatte avec ostentation d'être le plus entièrement libre des peuples, bien que les Wladika et les autres chefs le tiennent, d'une manière ou de l'autre, dans

une grande soumission; mais aussi, de temps
en temps, il survient des orages terribles.

Il y a peu d'années qu'on avait établi, avec l'assentiment et l'appui de la Russie, un tribunal appelé *Kutuk*, composé de soixante personnes, chargées de rendre la justice civile et criminelle, et dont les honoraires devaient être payés par cette puissance.

Ce commencement de civilisation n'eut lieu qu'au milieu des troubles qui agitaient si douloureusement l'Europe. Le Wladika en soumit le louable projet à l'empereur de Russie, qui lui envoya des fonds destinés à être distribués, et qui fournirent à l'évêque de grands moyens d'effectuer ses plans de domination.

Cependant, en 1800, il ne reçut, en effet, du czar Paul Ier. que 10,000 sequins de Venise, formant les appointemens d'une seule année; il attend encore le payement accumulé de plusieurs autres, et la civilisation moderne de l'Europe n'a pu, faute de moyens, pénétrer jusqu'à eux.

En ce moment, je vis le gouverneur regretter bien vivement la suspension des seules ressources propres à rapprocher son peuple des institutions actuelles du reste de l'Europe; non qu'il les adopte toutes; bien loin de là; mais ses réflexions, à ce sujet, nous conduiraient insensiblement à une trop longue digression. Ce que j'en dirai, donnera au lecteur une idée du génie de cet homme, ainsi que de la législation des Monténégrins, et de l'opinion qu'ils ont de celle des autres peuples. Ce sujet offre une ample matière à la méditation.

De la Législation.

Le Montenegro nous offre une preuve des plus importantes que les lois et les coutumes ont leur véritable source dans les besoins et le caractère bien distinct de chaque peuple, ou dans les incidens de la localité, ou de quelques événemens historiques qui ont consacré l'usage et servi de motifs aux con-ventions.

Dans ses entretiens avec moi, le gouverneur, en paraissant s'affliger de ce qui manque aux institutions de son pays, ne m'en parut pas moins invariablement attaché à tout ce qui en existe ; et dans les points de comparaison qu'il en faisait avec les gouvernemens des autres nations, et notamment avec le nôtre, il en déduisait, à sa manière, des raisons illusoires sans doute, de préférence pour le sien. Tant, en général, les hommes constitués en autorité ont peine à croire qu'il y ait d'état meilleur que celui qui leur donne le moyen d'exercer leur domination !

D'après cette manière de penser du gouverneur, opinion qui lui est commune avec tous ceux qui ont quelque portion de pouvoir chez les Monténégrins, on ne sera pas si surpris d'apprendre que le Montenegro n'a encore aucune constitution politique ni civile. Tous les intérêts, tous les droits des citoyens sont subordonnés à quelques usages dont les uns se conservent par tradition, et les autres consignés dans certains manuscrits où les matières se confondent, sont déposés aux archives du couvent de Cettigné, à la disposition immédiate et exclusive du Wladika ; ce qui prouve aussi que , là comme partout ailleurs , les coutumes résultent encore des combinaisons du plus puissant ou du plus fort , qui les viole **selon** ses intérêts ou son caprice.

Dans les circonstances civiles , et pour les causes ordinaires , les chefs de commune , joints à un ou deux primats , exercent les fonctions de juges. Ils ne s'endorment pas sur les siéges , car tous sont debout dans toutes les occasions. Tout chez eux est d'un puissant intérêt ; la moindre cause arrive jusqu'à leur âme , et leurs décisions sont constamment respectées. Il est facile de le comprendre ; elles émanent d'un tribunal où le sophisme et la chicane ne se font pas entendre. Chacun y défend sa propre cause ; encore aujourd'hui la justice se rend en place publique , à la manière de plusieurs peuples de l'orient.

Le gouverneur et les sardars , institués pour guider et juger le peuple dans les affaires les plus importantes, décident, selon l'exigence des cas , s'il y a lieu à les signer au rang des causes graves. Alors ils mandent les knès , les primats , les vaivodes , et jugent solennellement. L'évêque prononce en dernier ressort sur la plupart des points , et ratifie. Ses avis sont d'une puissante autorité ; mais il ne faut entendre ceci que des causes purement civiles ; car , dans les faits criminels, dans les homicides surtout , la famille du mort , sans attendre la décision d'un tribunal suprême , venge, le plutôt qu'elle le peut, l'outrage ou le crime sur la famille de l'agresseur , par la dévastation , l'incendie des propriétés , et la mort des consanguins , à quelque degré que ce soit.

Ces cas se présentent rarement ; mais s'ils arrivent, c'est la foudre qui embrase tous les membres des deux familles , et qui volcanise tous les partis. L'homme disparaît... ce sont des lions déchaînés qui s'entr'égorgent, se lacèrent, se dévorent... Alors, tous les usages sont nuls, la coutume locale vaine, les lois impuissantes !... Trop

de coupables sont à punir, trop d'intérêts
à ménager, trop de résultats à prévoir, trop
de calamités à détourner !...

Qui le croirait ? à travers ces transports
anarchiques, du sein de tant de cruautés,
la voix de *l'opinion* retentit jusqu'au fond
de ces âmes effervescentes. L'on voit les
plus acharnés de ces assassins, honteux
enfin d'eux-mêmes, s'efforcer de la capter,
en proposant, les premiers la cessation de
toute hostilité, en recherchant avec persévérance à atténuer, dans tous les esprits,
la culpabilité de leurs attentats; en les cou-
vrant de l'irrésistibilité du destin, poussant
partout des soupirs, affichant les remords,
et implorant à haute voix la tenue d'un
Kmeti ou tribunal de réconciliation. Toutefois, les amendes pécuniaires et l'ostra-
cisme sont les seules peines afflictives; elles
s'imposent par le knès, souvent aussi par
les coupables eux-mêmes, qui s'éloignent
de leur patrie, et font négocier auprès des
personnes lésées, leur retour par la voix

5*

de la réconciliation ; acte important dont je donnerai le détail en son lieu.

Ainsi , quelque puissans que soient les motifs , il est remarquable que , dans aucun cas , il n'y a condamnation *à la peine de mort* au Montenegro , chez ce peuple le moins policé de l'Europe.

Je me permis quelques observations à cet égard , en rappelant plusieurs scènes dont j'avais déjà la connaissance ; je demandai au gouverneur s'il n'en fallait pas attribuer le renouvellement à cette cause ? « Ah ! me
» dit-il, avec un accent attendri, il serait
» digne des nations plus sages et plus
» éclairées, d'effacer entièrement de leur
» code criminel la peine de mort ; on y
» condamne l'homicide et on le consacre
» juridiquement ! Soyez donc conséquens.
» Est-il bien légitime d'arracher à l'homme
» par les lois, *ce qu'on ne peut plus lui re-*
» *donner par elles ?* »

Je fus frappé de l'éloquence naturelle et de la bonne foi de cet homme ; et je crus entrevoir que la réforme, en préparant nos affections à l'espérance, offrirait au moins la consolation de voir, un jour, réparer les maux de l'innocence reconnue. Oui, sans doute, un jour, ô vénérables victimes de la prévention, de l'erreur et trop souvent des calculs du crime, un jour l'intérêt touchant de votre douloureux destin, vengera solennellement votre mémoire !

Cette conversation se serait encore prolongée si, par diverses questions, je n'eusse ramené le gouverneur à mon but principal. Il résulta de ses réponses que, quoique, d'après les conventions établies, tant pour le Montenegro que pour les deux Zantes, l'autorité y soit partagée, depuis l'an 1806, entre le Wladika et le gouverneur, le premier pour le spirituel, l'autre pour le temporel : néanmoins le Wladika, sous le voile du caractère ecclésiastique, en s'emparant des consciences, s'est rendu souverain de fait ; le gouverneur ne l'est qué de nom ; et bien que le prélat doive

agir , d'après les principes reçus
usages avoués par la nation , il s'est a
une telle influence dans tous les actes
publics , qu'il peut, à son gré, changer les
affaires de la nation même, comme celles
des familles ; il peut exciter ou éteindre
les discordes, faire naître des séides , exor-
ciser ou canoniser ; enfin , ouvrir les portes
du séjour des bienheureux ou précipiter
dans les flammes éternelles. Il suffit de sa
volonté pour bouleverser, non pas seulement sa juridiction, mais tout ce qui l'environne.

De la manière dont tous ces détails me
furent donnés , il me fut facile de démêler
qu'il existe entre la famille du Wladika
et celle du gouverneur, non pas de la mésintelligence , mais une sorte de rivalité , qui
naît de la concurrence de l'autorité. Des
faits ultérieurs confirmèrent mes observations. Cette rivalité, que partagent les habitans, établit au Montenegro deux fac-
tions bien distinctes sans qu'il en résulte
aucun désavantage apparent. C'est là un

phénomène politique bien digne d'attention , et qui souvent a exercé la méditation des sages de la Dalmatie.

L'usage des contributions annuelles ,
réglées par des lois antérieures, est absolument ignoré au Montenegro ; mais selon
les événemens et les intérêts de l'état, on
s'y cotise ; il faut le dire aussi , les besoins
de ce peuple n'exigent aucune dépense pour
les opérations de l'intérieur ; point de mi-
nistères, point d'administrations, point de
bureaux à payer ; la guerre seule motive
accidentellement les subsides ; et ce peuple
est si jaloux de son indépendance , il est
si sobre , il fait la guerre tellement à la
légère , que les dépenses se réduisent à presque rien.

Il n'y est besoin non plus d'aucun frais pour
la justice. Les procès n'y sont pour ainsi dire
point connus. Aucune discussion de propriété n'y a lieu. Aucun citoyen n'y est
le voisin immédiat d'un autre. Chacun a
son bien dans un fonds dont l'espace est

entouré d'une limite naturelle , qui em-
pêche qu'on n'empiète sur lui, et les maisons
n'y sont pas mitoyennes.

L'agriculture, le commerce, l'importa-
tion, l'exportation, la chasse, l'usage des
eaux et du bois, sont libres à tous. La pêche
seule est exceptée ; elle est réservée au Wladika.

Le gouverneur, tout en me donnant ces
lumières, joignait à ses discours quelques
traits d'application à notre état, et se pré-
valant de nos dissensions intérieures : « Vous
» ne pourriez pas, me dit-il, quelque puis-
» sans que vous *paraissiez être* en France ,
» et hors de chez vous, vous vanter d'être
» aussi tranquilles que nous? » Non sans
doute, répondis-je; il n'en est pas ainsi dans
un grand empire. C'est un immense vaisseau
dont le mécanisme est trop compliqué, et
que la manœuvre la mieux conçue ne saurait garantir du naufrage , si toutes les
parties qui le constituent ne sont dans un
rapport parfait, si tout l'équipage n'obéit

pas de concert à la voix respectée d'un nau-
tonier vigilant.

« Nous sommes d'accord, reprit-il. L'ob-
» servance doit être réciproque. Plusieurs
» exemples puisés dans notre histoire vien-
» nent à notre appui. L'oubli de ces prin-
» cipes sous Georgewich, qui gouvernait le
» Montenegro à la fin du quatorzième siècle,
» attira mille maux sur ma patrie. En bra-
» vant les usages nationaux, il rompit la
» chaîne qui le liait avec le peuple dont il
» avait usurpé la puissance, et ouvrit la
» source à mille abus. » — Cet aveu, monsieur le gouverneur, vous honore infiniment. Vous convenez donc que le mépris
des lois, leur inobservance, ou leur fausse
application, attestent également partout
l'impéritie, ou l'ambition des princes? Les
résultats en sont affreux; et des leçons éternelles, gravées en caractères ensanglantés,
dans les fastes des siècles, déposent contre
tant de noms, flétrissent tant de mémoire!...
—« Sans doute, je dois convenir de la vérité ;

» d'autres traits qui sont à ma connaissance,
» me l'arracheraient, quand je voudrais m'y
» soustraire. La tyrannie de Nicolo Toppich,
» qui disposait de l'honneur, de la fortune,
» de la vie de ses sujets, lui fit encourir
» l'indignation de ses contemporains et la
» condamnation de la postérité. »

Telle est encore la destinée des Georges,
des Czernowichs, dont les règnes étaient
marqués par tant de cruautés, qu'ils furent
chassés avec infamie, et que leurs noms
exécrés passèrent en *proverbe*.

« Enfin, dit le gouverneur, Théodore Plis-
» sich périt de même, en consommant un
» acte qui, à force d'être tyrannique, ré-
» volta toutes les âmes et restitua le Monte-
» negro à la liberté. »

De ces divers exemples, nous pouvons
tirer la conséquence que les Monténégrins
sont de tous les peuples, celui qui pardonnerait le moins les abus de la puissance; il
a trop peu de lois pour n'en pas apercevoir
de bonne heure la violation; et s'il obéit

aveuglément au Wladika, c'est que, jusqu'à ce jour, ce prélat, tout en régissant à son gré, n'a sérieusement agi que pour les intérêts de son peuple, qui pense avoir acquis la conviction que si, dans les relations extérieures, ce chef a **exagéré** ses prétentions par rapport aux autres, du moins il a su respecter les usages nationaux. Liens puissans qu'il est aussi funeste de dédaigner, qu'il est criminel de les rompre.

CHAPITRE IV.

Suite des observations. — Fêtes publiques. — Dénombrement.

LE troisième jour de mon arrivée à Gnégussi, nous fîmes plusieurs visites, toujours suivis d'une multitude qui se pressait sur notre passage, et qui attendait à la porte des habitations jusqu'à notre sortie. Le gouverneur eut l'attention, ce jour-là, de donner une fête publique, où je vis une réunion nombreuse de toutes les classes, et où il me fut facile d'acquérir des notions précieuses. Mes premières observations eurent pour objet la population en général. Ce que j'ai vu depuis les a confirmées ; en voici le résultat :

Les habitans du Montenegro, considérés en général, sont un assemblage d'hommes de la plus haute stature et des plus heureuses formes, dans la proportion de la belle nature. Aux traits du visage les plus réguliers, ils joignent un regard assuré, haut, superbe même, qui, imprimant à leur physionomie un extérieur sévère, semble, au premier coup d'œil, justifier l'opinion d'une dureté de cœur qu'ont accréditée les journaux, sur de fausses relations. On verra plus tard qu'elle n'est qu'apparente ; ils ont le port noble, la démarche libre, mais fière, théâtrale, et presque audacieuse.

Tous portent la moustache ; elle est d'obligation, et le plus grand outrage qu'on puisse leur faire, est de la toucher, ou d'en parler avec dédain. Un trait suffira pour en convaincre : Le 6 août 1810, jour de *basaro* , c'est-à-dire de marché , un Monténégrin buvait dans un *casin* voisin (ou cabaret un peu distingué), deux militaires italiens s'y présentent ; l'un d'eux, en entrant , prend la moustache du montagnard, en lui disant : *Dobro jutrò brate*, (bonjour, frère.) Le Monténégrin le tue d'un coup de pistolet, et disparaît aussitôt.

Ils tiennent habituellement leurs cheveux rasés sur le front jusqu'à la moitié de la tête, dans la direction d'une oreille à l'autre. « L'homme , disent-ils , doit montrer son » front à découvert, s'il n'a point à rougir; » et s'il a à rougir, il doit encore montrer » son front à découvert, pour se corriger » par l'aiguillon de la honte. »

La plupart portent la barbe longue, ou du moins se rasent fort rarement. Jamais ils ne coupent leurs ongles.

Ils sont remarquables surtout par la beauté de leurs jambes. Aussi sont-ils très agiles, propres à la chasse, et, en général, à tous les exercices du corps. Ils ont adopté un mode d'aborder et de saluer de la main, comme s'ils avaient l'habitude du monde poli.

Dans les égards qu'ils témoignent, ils sont aussi éloignés du ton de la servitude que de celui de l'exagération; et quand il s'agit de leurs chefs, ils savent les respecter sans les craindre; mais aussi les chefs s'honorent de vivre avec les moins importans, et sont bien loin de les mépriser.

D'après le dernier recensement fait en 1812, qui comprend la Zante supérieure, il résulte que le Montenegro ne présente plus qu'une population de 53,168 individus ; ce nombre répandu sur une surface de 418 milles carrés, ne donne que 127 habitans par mille; il est le produit encore de 13,292 hommes d'armes multipliés par 4, selon le véritable terme de calcul, qu'il convient d'adopter pour ce pays, et non pas 5, suivant notre calcul ordinaire.

Pour donner une idée exacte et comparative de ce que je viens de dire, et garantir la justesse des applications que je pourrais faire dans le cours de cet écrit, je soumets à mes lecteurs le tableau statistique du pays qui en fait l'objet.

Ce tableau, dont on peut attester la vérité, a été rédigé sur des pièces authentiques déposées aux chefs-lieux, et extraites par l'auteur lui-même, avec le temps et la réflexion nécessaires, pour en valider l'assertion. Il a été compulsé avec les notes du maréchal-de-camp Matsutinovich, dont la méthode est consignée dans des actes honorables, aux archives ministérielles de la guerre, et avec les documens de M. Descarnaux, consul à Cattaro, qui joint, au scrupule de l'examen, un jugement exercé.

De toutes ces notes ainsi balancées avec nos propres observations, qui avaient précédé de deux années celles du premier, il est résulté la conviction d'une concordance bien reconnue.

Un tel travail, on le pense bien sans doute, a coûté beaucoup de soins et de temps. Combien serai-je dédommagé, s'il peut offrir des moyens de comparaisons utiles à quelques uns de mes lecteurs, qui daigneront sourire à mes recherches !

TABLEAU

Des hommes d'armes du Montenegro, par division territoriale. (1812.)

PREMIÈRE NAHIA ou PROVINCE.

KATUNSKA.

NOMS des COMMUNES.	NOMBRE de MAISONS.	NOMBRE D'HOMMES d'armes.
Gnégussi		
Xalassi-Veliki		
Xalassi-Mali		
Xagluit.	300	600
Miraz.		
Verba		
Xagnewdo		
Sehieclich.	64	160
Biélizzé.	76	80
Ossia ou Cevo.		
Tomich.	110	260
Velostovaz.		
TOTAUX.	550	1100

Suite du dénombrement, en 1812.

NOMS des COMMUNES.	NOMBRE de MAISONS.	NOMBRE D'HOMMES d'armes.
Ci-contre. . . .	550	1100
Bielosse.	25	70
Braich	67	160
Cettigné.	70	170
Çucé	195	400
Stagnevich	40	100
TOTAUX.	947	2000

DEUXIÈME PROVINCE. — RIESKA.

NOMS des COMMUNES.	NOMBRE de MAISONS.	NOMBRE D'HOMMES d'armes.
Makiné.	120	200
Gljubotigné.	70	160
Gragljani	30	80
Cerkljgné ou Seklja..	40	80
Dobro ou Dobrogliani	45	80
Bobovo.	23	48
TOTAUX.	328	648

Suite du dénombrement, en 1812.

NOMS des COMMUNES.	NOMBRE de MAISONS.	NOMBRE D'HOMMES d'armes.
De l'autre part.	328	648
Cossieri.	40	50
Pellesse.	18	40
Agne.	48	80
Arbanassi.	20	45
Satturi.	18	20
Zugora	19.	20
Piperi.	22	25
Dodesse.	16	38
Riesani	20	48
Marcugli	17	40
Téduossi	15	37
Smerno.	21	37
Sabos.	17	40
Tosse.	21	50
Cesini ou Ribuessi	37	70
Druxichi	40	80
Ornassi (incendié lors de la guerre).	24	»
Prevarsi , *idem.*	22	»
Tamovo, *idem.*	18	»
Segliani , *idem*	25	»
Tulisci , *idem* (on le rétablit). .	27	30
Tasicé , *idem.* . . . . . *idem.* . .	20	40
Gialaz , *idem.* . . . . . *idem.* . .	21	40
Zacé , *idem.* . . . . . *idem.* . .	19	30
Siécowich, *idem.* . . . *idem.* . .	25	25
Tucchi , *idem.* . . . . *idem.* . .	18	22
Audrissé , *idem.* . . . . *idem.* . .	23	12
Prewlaca , *idem.* . . . . *idem.* . .	30	14
TOTAUX. . . .	989	1559

Suite du dénombrement, en 1812.

TROISIÈME PROVINCE. — PIESSIWASKA.

NOMS des COMMUNES.	NOMBRE de MAISONS.	NOMBRE D'HOMMES d'armes.
Lastwi ou Lastowich	40	50
Duboko	43	103
Drenowstizza	27	52
Piessiori.	25	57
Suegnalozza.	27	50
Wittossowich	40	50
Briataich	45	90
Dado.	30	30
TOTAUX. . . .	277	482

QUATRIÈME PROVINCE. — GLIESANSKA.

NOMS des COMMUNES.	NOMBRE de MAISONS.	NOMBRE D'HOMMES d'armes.
Povani	36	60
Gorichiani	33	30
Klapovich.	30	55
Scupo.	22	20
Garbovaz.	47	55
TOTAUX. . . .	168	220

6*

Suite du dénombrement, en 1812.

NOMS des COMMUNES.	NOMBRE de MAISONS.	NOMBRE D'HOMMES d'armes.
De l'autre part. . . .	168	220
Piranichi.	29	30
Desulu	49	100
Cocotti	29	60
Stagnicich.	40	100
Gorizza.	37	90
Menussichi.	52	60
Vittanichi.	38	40
Gljesanska	108	50
Lottosi.	27	60
Suczi ou Bichisi.	20	46
Bezzi	32	70
Stezze.	29	67
Milanska.	38	86
Dobrotichi ou Retichi	27	60
Velivraz	20	40
Golemudi	24	55
Signaz	22	50
Mant	15	26
Prapnatizza	34	80
Ceretti	28	63
Stanislachi.	60	125
Pavaz	20	45
Gradaz.	21	50
Comani supérieur	53	46
Comani inférieur	45	70
Burogné	24	45
Sagunizza	40	85
Chia ou Zios.	22	50
Cacusé	31	70
TOTAUX. . . .	1182	2039

Suite du dénombrement, en 1812.

NOMS des COMMUNES.	NOMBRE de MAISONS.	NOMBRE D'HOMMES d'armes.
Ci-contre. . . .	1186	1969
Téduosti.	29	70
Sagaraz.	31	70
Uvianichi	38	90
Drazosecunia	30	70
Zagreda (incendié.).	20	45
Tarmachi	31	70
Irosse	»	»
Totaux. . . .	1365	2384

CINQUIÈME PROVINCE. — CZERNISKA.

NOMS des COMMUNES.	NOMBRE de MAISONS.	NOMBRE D'HOMMES d'armes.
Grabovgljani.	60	130
Optocichi	37	90
Utergh } saccagés dans la guerre	45	90
Tomichi } avec les Albanais. . .	40	75
Buccoïch.	33	70
Dobarcelli.	51	105
Totaux. . . .	266	560

Suite du dénombrement, en 1812.

NOMS des COMMUNES.	NOMBRE de MAISONS.	NOMBRE D'HOMMES d'armes.
De l'autre part. . . .	266	560
Gluhido ou Glaxjedo	37	80
Cretichi ou San-Pietro.	36	80
Segnagni ou Sestavi.	40	100
Graziani ou Gljmgliani	38	90
Occhinizzi.	35	80
Berœglje.	30	70
Sottonichi	45	90
Dupillé.	42	60
Orahovo ou Ulranina	50	120
Zabas	28	60
Briechi	27	70
Tarnova ou Tarnov	40	100
Totaux. . . .	714	1560

Villages de la religion grecque servienne, unis aux Monténégrins dans les guerres contre les Turcs.

NOMS des COMMUNES.	NOMBRE de MAISONS.	NOMBRE D'HOMMES d'armes.
Rovejani.	50	120
Bielopawluchi.	360	800
Piperi	260	700
Vascovichi.	90	280
Cussi.... (peuplé de catholiques romains)	490	1500
Totaux. . . .	1250	3400

Suite du dénombrement, en 1812.

Villages de la religion catholique qui favorisent le Montenegro dans ses guerres contre les Turcs.

NOMS des COMMUNES.	NOMBRE de MAISONS.	NOMBRE D'HOMMES d'armes.
Clementi.	177	650
Rapsa	80	260
Kolti.	212	600
Scharizzi.	30	80
Castrali	50	130
TOTAUX. . . .	549	1720

RÉCAPITULATION.

1°. Katunska. . . .	16 *Com.*	947 *Mai.*	2000 *h. d'a.*
2°. Rieska.	34 *Id.*	989 *Id.*	1561 *Id.*
3°. Piessiwaska. .	8 *Id.*	277 *Id.*	482 *Id.*
4°. Gljésanska. . .	40 *Id.*	1351 *Id,*	2554 *Id.*
5°. Czerniska. . . .	18 *Id.*	712 *Id.*	1575 *Id.*
Villages grecs.	5 *Id.*	1250 *Id.*	3400 *Id.*
Villages cathol.	5 *Id.*	549 *Id.*	1720 *Id.*
TOTAUX. . .	126	6075	13,292

Nombre des habitans.
{ Montenegro. . . . . 32,680 }
{ Villages grecs . . . . 13,600 } 53,168
{ Villages catholiques. 6,888 }

D'après ce tableau expositif, il est facile de juger que le Montenegro était beaucoup plus considérable, et qu'il a grandement souffert. Les causes de ce prompt dépérissement sont dans les grandes famines et les fréquentes disettes que les habitans ont éprouvées successivement, pendant le cours de plusieurs années de guerre, non-seulement par la stérilité imprévue, mais parce qu'ils ne lui ont pas opposé l'industrie et les travaux réparateurs. Les causes sont encore dans leurs querelles continuelles avec les Turcs.

On voit encore, par le tableau de cette statistique, que le nombre d'hommes d'armes est déterminé à treize mille deux cent quatre-vingt-douze ; mais en le considérant sous des rapports généraux, ce nombre devient relatif.

Il se compose, selon l'importance des besoins, de tous les hommes valides. Au Montenegro, les centenaires mêmes sont en état d'utiliser leurs dernières années pour la défense de leurs foyers. Cette heureuse faculté a son principe autant dans la constitution organique, que dans le véhicule qu'imprime l'habitude d'une longue indépendance.

On peut donc, sans se méprendre, dans une incursion imprévue, compter sur autant de soldats prêts à se porter, au premier signal, vers un point quelconque attaqué, qu'il y a d'hommes dans le pays.

Sans doute, tous ne pourraient pas suivre les mouvemens d'une campagne, mais tous sont propres à un coup de main.

En établissant les calculs sur des documens réels autant que sur les données de l'expérience, en douze heures, sept à huit mille hommes peuvent se réunir sur le point d'attaque ; ce nombre peut s'accroître jusqu'à vingt mille en vingt-quatre heures. Les moins ingambes gardent les débouchés, assurent les communications et les vivres, font la garde de l'intérieur, et observent les divers mouvemens de l'ennemi, tandis que les valides combattent.

Ils sont tous d'une très grande adresse dans le maniement de leurs armes ; ils tirent avec la plus grande justesse, à la distance de toute portée, parce que dès leur enfance, on les oblige de s'exercer à la cible. On les y applique de bonne heure, afin de les familiariser avec les armes, le feu, le bruit et le mouvement; aussi, au moindre événement, tout le monde court en un instant aux armes. Les hommes physiquement incapables d'agir, sont les seuls dispensés, encore arrive-t-il souvent, dans ces circonstances, que plusieurs oublient leur état, et se font violence pour voler à la défense de leur terre natale.

Dans la dernière guerre contre Mamouth Busaklia, pacha de Scutari, Giuro Lottochich était retenu sur son grabat, par une fracture grave à la jambe. Pendant l'action qui précéda la défaite et la mort du pacha, Giuro exigea qu'on le portât sur un rocher d'où il pouvait tirer sur l'ennemi; rien ne put arrêter sa résolution, quelques représentations qu'on lui fît; il tira pendant trois heures, adossé contre un roc. Quand on vint lui annoncer la victoire, il s'écria : Il était temps, je n'avais plus de cartouches.......Je serais mort de rage, s'il m'eût fallu céder.....

Habitant du Monténégro.

CHAPITRE V.

Du costume national.

LES habits des Monténégrins sont d'une étoffe très grossière ; c'est un tissu de tricot dans le genre de celui connu sous le nom de *cadis*.

La couleur *gris-blanc* est générale pour la partie principale de l'habillement ; toutes les autres sont indistinctement en usage ; mais la couleur bleue est la plus communément employée.

L'habillement consiste en une *gunine* ou casaque à manches larges, agrafée sur la poitrine ; elle est de coupe grecque. L'un des deux pans est retroussé triangulairement sur le côté gauche.

La veste se porte dessous, et ne se voit pas.

La chemise sans collet, et non renfermée

dans le pantalon, flotte librement au-dessus jusqu'aux genoux, et forme une espèce de jupon court.

On porte indistinctement des pantalons serrés ou des culottes à la demi - turque, fort larges ; elles sont fixées à la ceinture, par un fort cordon de cuir passé dans une gaîne, au lieu de boutons ; on les arrête au bas, par une garniture de mailles à laquelle on met beaucoup de luxe, et qui fixe des chaussettes de laine, brochées de diverses couleurs très vives.

Ils ne sont pas chaussés à la manière européenne, et ne font aucun usage de semelles de cuir. Ils portent des spadrilles ou opankes, espèce de chaussons de peau de chèvre, d'une seule pièce qui prend la forme du pied, par la manière dont il y est assujetti.

Les jours de gala, ils portent, par-dessus la gunine, une veste sans manches, de velours vert, cramoisi ou noir, brodé de soie.

Un bonnet d'étoffe rouge ou violette couvre leur tête, l'été comme l'hiver ; il y est fixé par un mouchoir de couleur que lui

donne la forme d'un turban un peu mes-
quin.

Outre les agrafes, la casaque est fixée par
une longue écharpe de laine, de diverses
couleurs, à la ceinture, au-dessous de laquelle est aussi une large bande de cuir,
arrêtée par une boucle fort grande, ciselée
grossièrement.

Deux petites gibernes sont fixées à ce cuir,
à droite; elles contiennent la poudre, et les
cartouches, dont les balles articulées, sont
très dangereuses.

Les pistolets et le ganzard sont passés dans
la ceinture, de manière qu'un pistolet est de
chaque côté, et sur le côté gauche, le ganzard
est placé entre les deux pistolets.

Le fusil est en bandoulière. Toutes ces
armes sont éprouvées; plusieurs les ont
très riches.

Les hommes portent ordinairement sur
l'épaule gauche une espèce de havre-sac,
renfermant quelques vivres; à droite une
outre contenant environ deux litres; par-
dessous tout, ils sont affublés d'une sorte

de schall de poil de chèvre , garni de longues franges aux extrémités. La tissure, toute particulière, en est imperméable ; ce vêtement, nommé *struka*, est destiné à préserver les armes de la pluie.

Jamais aucun Monténégrin ne fait un pas sans être muni de toutes ses armes ; jamais non plus vous n'en rencontrerez qui n'ait à la main ou à la bouche une pipe à long tube, garni d'un bout d'ambre ; c'est encore un objet d'un grand luxe.

Nul ne peut changer l'habit national, ni le modifier, ni l'augmenter, dans aucune de ses parties. Dès qu'un Monténégrin revient des pays étrangers, il doit aussitôt en abandonner le costume, pour revêtir l'habit de son pays.

CHAPITRE VI.

Des femmes.

Les Monténégrines ont de belles formes, quoique par comparaison aux hommes, elles soient petites.

Elles ont de grands yeux, pleins d'expression. Elles sont surtout remarquables par les plus belles dents qu'il soit possible de voir. Leur physionomie est très intéressante. Aussi les Français leur ont rendu plus d'un hommage.

Le teint des Monténégrines est généralement un peu basané, parce que, presque toutes, sont assujetties aux travaux des champs; celles qui se livrent particulièrement aux soins domestiques , sont très fraîches, blanches et couleur de rose.

Toutes ont la poitrine large; elles ont beau-

coup de gorge, l'ont fort belle, sans y attacher beaucoup d'importance ; aussi toutes
nourrissent leurs enfans ; ce qui ne concourt
pas peu à cette heureuse constitution , qui
fait le caractère distinctif de la population
de ce pays.

Leur abord est aisé, leur parler agréable,
insinuant ; elles sont d'un naturel souple ,
suite nécessaire de la soumission exacte dans
laquelle elles vivent constamment envers
leurs pères et leurs époux.

Les femmes comme les hommes sont d'une
force extraordinaire.

De l'habillement des femmes.

Elles sont, en général, plus mal vêtues que
les hommes, outre qu'elles s'ajustent sans
goût. Leur habillement consiste en une longue et large tunique sans manches , sur une
chemise encore plus longue , à manches
très larges , et brodées à l'antique manière
grecque.

Le bas de la chemise qui sert de jupe est

Femme du Monténégro.

brodée à l'entour, en laine des couleurs les plus éclatantes.

Un tablier, formé d'un petit carré d'étoffe, aussi brodé de laine de diverses couleurs, dans toute son étendue, et bordé d'une frange volumineuse, est attaché sous la tunique qui reste ouverte; une large ceinture de cuir le surmonte; elle est garnie d'ornemens diversement émaillés ; à cette ceinture est attaché un petit ganzard, au moyen d'une grosse chaîne d'argent. Toutes ont beaucoup et de très grosses bagues d'or, d'argent et des pierreries, aux doigts, aux oreilles et sur la tête ; mais tout cela est travaillé sans goût et n'est pas d'un grand prix.

Elles portent la même barrette que les hommes, mais sans mouchoir ; des nattes tressées longuement et pendantes sur les côtés, font toute leur coiffure.

Leur chaussure est la même que celle des hommes, et comme eux, elles portent, l'été comme l'hiver, la struka.

La coiffure des filles à marier consiste en une barrette ordinaire, où sont attachées,

en quantité, certaines monnaies qu
vrent toute la partie de devant. Ce so
pour la plupart, des piastres et paras turcs,
des jetons, des médailles communes. Les
plus riches se distinguent par des monnaies
d'or, principalement des sequins.

Les plus jeunes filles portent une barrette
simple de diverses couleurs ; plus souvent
rouges ou noires, en drap, garnie et d'une
houpette toujours noire.

J'ai souvent remarqué que, dans les divers jugemens qu'on a manifestés sur les
Monténégrins, on s'est fondé sur des observations superficielles, faites exclusivement
aux marchés de Cattaro, où ne paraissent
que quelques misérables habitans des villages
les plus voisins.

D'autres ont établi leurs opinions sur des
faits isolés et particuliers à quelques individus observés.

C'est au sein d'un pays, dans les assemblées
du peuple, dans les temples, aux cérémonies
religieuses, aux fêtes nationales, dans les familles enfin, qu'on doit puiser les règles qui

nous apprennent à juger sainement des nations.

Mon départ de Gnégussi était déjà fixé,
lorsqu'une circonstance, infiniment flatteuse pour moi, le retarda. Une des belles-
sœurs du gouverneur (Theodizza) était accouchée pendant notre absence. A la première nouvelle qu'en eut le gouverneur en
rentrant, il monta dans ma chambre, et me
prenant les mains affectueusement : Je viens
me dit-il, t'annoncer que ma sœur nous a
donné un héritier de plus, et t'offrir de lui donner ton nom. — C'est m'honorer beaucoup,
et m'obliger en même temps, lui dis-je. Aussi
je l'accepte de bon cœur. Il me remercia dans
les termes les plus flatteurs. Ce sera, ajouta-
t-il, un plaisir de plus, joint à la satisfaction
de voir grossir le nombre de notre famille,
et de perpétuer aussi son nom. C'est l'objet
de leur plus forte ambition. Bien plus que
chez nous, la proposition de tenir un enfant
en baptême est réputée un grand honneur ;
et l'un des plus grands affronts est de s'y refuser ; aussi j'ai su, depuis, que mon accep-

tation fit une impression flatteuse qui me précéda dans le cours de mon voyage, qui me valut mille démonstrations d'amitié, et les plus généreux procédés de la part d'un des principaux de la nation.

La cérémonie fut fixée au lendemain. Je n'ai pas besoin de dire que le concours y fut nombreux ; on se l'imagine.

Ce sacrement s'administre indistinctement à l'église ou à la maison. Ce fut chez le gouverneur que le baptême eut lieu. Deux hommes, dans ce pays, y sont appelés pour parrains, avec la même efficacité que produit chez nous le concours d'un homme et d'une femme. On me désigna un collègue (Biolich). ou fils de *Biol. Ich* est comme le *son* ou *zon* des Allemands et des Anglais *Peterson*, fils de Pierre. Je fus trompé dans mon espérance ; je me flattais de me donner une marraine dans l'une des sœurs du gouverneur, qui méritait cette préférence ; mais les convenances m'interdirent d'en manifester le vœu.

Les cérémonies du baptême ne diffèrent pas beaucoup des nôtres. Elles sont les mêmes

pour les deux sexes, si ce n'est qu'à l'égard
du sexe féminin, on tient un voile suspendu
jusqu'au moment des aspersions. Les prières
sont d'une longueur qui exerce la patience
des parrains.

Ce qu'il y a de plus extraordinaire, c'est
la multiplicité des aspersions et leur abondance. On inonde absolument le nouveau né,
qui crie à outrance. Mais c'est la voix au désert ; d'une main impitoyable, le pope re-
double, à chaque instant, sans faire grâce
d'une seule goutte.

Quelques uns ont prétendu que les baptêmes des Monténégrins se faisaient par immersion, à la manière adoptée dans les premiers siècles du christianisme, et plus récemment par l'église russe. J'ai assisté, plus
d'une fois, à des baptêmes ; je n'ai vu rien de
semblable. Peut-être nomment-ils *immersion*
ces aspersions abondantes dont je viens de
parler : mais ce n'est point la même chose.

A cette cérémonie où l'encens fume, se
joint la présentation du vin, réservé uniquement à cet usage. Sur une table est un

vase plein de grains, macérés dans de l'eau et du miel, entre quatre cierges; après la dernière aspersion, le pope en offre à chacun des assistans une cuillerée; le reste est répandu à poignée dans toute la chambre. On doit baiser les mains de l'offrant, et l'on se donne l'accolade.

En plaçant les enfans dans le berceau , on met à côté d'eux les attributs de leur sexe. Pour les garçons, ce sont le fusil, les pistolets, le ganzard.

Le père, avant de déposer ces armes à côté de son fils, les montre à tous les assistans, les baise et les donne à baiser en faisant les honneurs aux plus considérés; il les porte aussi à la bouche de son jeune successeur, et place le fusil et un pistolet dans le berceau à sa droite; l'autre pistolet et le ganzard à sa gauche. Tout cela se fait avec un sérieux, une gravité qui attestent l'importance qu'on y attache.

Le tir des boîtes et de la mousqueterie n'y manque jamais, non plus que la sonnerie des cloches, quoique la cérémonie ait lieu dans une maison privée. Enfin, le déjeuner ou la collation, selon l'heure, termine cette cérémonie.

A cette occasion, ce fut un grand repas qui se donna chez le gouverneur. Il fut très gai et souvent interrompu par le nombre de santés qui s'y portèrent. J'en pourrais citer quelques unes qui seraient d'un grand intérêt, et par la qualité des personnages, et par la singularité des vœux; je dois me les interdire, commandé par les circonstances, qui semblent avoir éteint tous les sentimens généreux dans un grand nombre d'hommes...

Je cite ici quelques uns des vœux qui furent formés pour le nouveau né. Ils perdent beaucoup, privés du laconisme illyrique, et de la magie des rimes. On appelle cela des *Prindesi* :

Que la sagesse soit son unique héritage ! — Qu'il brille comme l'étoile du matin ! — Que son âme soit douce comme la douce clarté de la lune ! — Que le miel coule dans son cœur ! — Qu'il soit toujours sain, comme le plus beau chêne de nos forêts! — Qu'il soit constamment irréconciliable envers les Turcs ! — Qu'il se batte comme moi ! — Qu'il meure hors de son lit ! — Qu'il reste toujours libre !

Quelques questions que l'occasion me fit faire sur divers points du cérémonial du baptême, obligèrent les assistans à entrer dans des explications, un peu longues, qui me valurent la connaissance de plusieurs détails relatifs aux femmes en état de grossesse et à leur enfantement. Je les transmets dans l'ordre selon lequel ils m'ont été donnés.

Des grossesses et des accouchemens.

La manière de vivre des Monténégrines pendant leur grossesse et leur enfantement, sera une nouveauté pour nos villes, où tout est soumis aux calculs de la mollesse et de la sensualité. Ce sera surtout un grand sujet d'étonnement et de dédains auprès de nos petites maîtresses.

Quoiqu'enceintes, les Monténégrines n'observent aucun régime, ni dans leurs alimens, ni dans leur conduite ; elles n'interrompent, en aucune manière, leurs travaux

ni leurs voyages, et jusqu'à la dernière extrémité, elles se chargent des mêmes far-
deaux. Elles accouchent au milieu des champs
ou dans les bois, seules, sans aucune sorte de
secours qu'elles-mêmes, sans pousser le plus
léger soupir, ni faire entendre la moindre
plainte.

Après s'être un peu remises, elles prennent
l'enfant dans leur tablier, le portent au premier ruisseau, ou à la plus proche fontaine,
le lavent suivant un ancien usage de leur
pays ; et peu après, elles retournent à leurs
travaux ordinaires.

Elles enveloppent les enfans dans de pauvres haillons, pendant trois ou quatre mois,
au terme desquels elles les laissent aller
seuls, tandis qu'elles travaillent à la campagne, où ils acquièrent cette vigueur et cette
santé qui distinguent cette peuplade.

Ils se nourrissent du lait de leurs mères,
jusqu'à ce qu'elles soient nouvellement enceintes ; et si, pendant quatre ou cinq ans,
six ans même quelquefois, elles ne le deviennent pas, ils ne cessent pas de recevoir
cette nourriture.

Lorsque la naissance d'un enfant est arrivée à la connaissance des parens ou des amis, chacun s'empresse d'envoyer ou d'apporter en présent à l'accouchée, toutes sortes de gâteaux avec du maïs et du miel, ainsi que divers autres mets, dont elle forme un souper qui est toujours fort agréable, en raison de la quantité, de la variété, de la qualité des objets. On l'appelle *babiné*.

Le restant de la journée se passa en fêtes et en divertissemens; le gouverneur me pressait de rester encore quelques jours auprès de lui; et sur le désir que je lui témoignai positivement de mon départ, il donna les ordres pour le lendemain de bonne heure.

CHAPITRE VII.

Départ pour le couvent de Saint-Basile.

Mon départ de Gnégussi fut marqué par la réunion de tout le peuple. Au moment de ma sortie de la maison du gouverneur, il se fit une fusillade ; le protopapa et le pope, en habits sacerdotaux , me donnèrent la bénédiction. Aussitôt après , le gouverneur , faisant un signe pour obtenir silence , fit à l'escorte qu'il m'avait destinée , un discours dont le laconisme n'appartient qu'à leur langue. Je le rends littéralement. « *Je vous confie un soldat du grand Napoléon ; plutôt votre tête , qu'un sien cheveu perdu.* » Il me donna l'accolade, en me disant *sboghom !* (que Dieu soit avec toi !) Nous nous séparâmes. Mon détachement, à l'extrémité du bourg, fit une décharge de salut; les hommes d'armes du lieu y répondirent.

Mon dessein était de parcourir le Montenegro sur tous les points , pour en observer les lieux de quelque importance. Il m'était donc indifférent de m'y déterminer par un côté plutôt que par l'autre ; j'eusse toutefois préféré me porter d'abord à la résidence du Wladika ; mais ayant appris qu'il était absent pour plusieurs semaines, je résolus d'aller visiter le monastère de Saint-Basile , dont le bruit des miracles retentit presque partout ; je m'y dirigeai par l'ouest , du point de mon départ, en passant par le mont Buccowizza.

Le trajet de Gnégussi à ce village présente des oppositions frappantes. La partie des montagnes exposée au sud , y est nue ; l'autre, exposée à l'est ou au nordest , dans toute son étendue , richement boisée de tous les genres de plants , et surtout d'arbres verts sur plusieurs points ; ces plants sont groupés d'une manière admirable. De temps en temps paraissent quelques masses de rochers , des blocs énormes détachés , qui varient la scène à l'infini ,

et dédommagent le voyageur de la difficulté et des dangers de la marche.

Nous arrivons à une portée de fusil d'un
hameau sous Buccowizza ; mais quel fut
mon étonnement lorsque , croyant qu'il ne
s'agissait que d'y entrer avec la liberté qu'on
a de pénétrer partout ailleurs , je vis mon
escorte s'arrêter , et se parler avec une
importance mystérieuse !

Après un court entretien , le chef d'escorte s'avança seul à quinze ou vingt pas ,
et cria à pleine voix : « Que le premier qui
m'entend , avertisse que nous voulons entrer dans ce hameau ! » Une femme parut.

Que voulez-vous ? — Etre parmi vous.
— Attendez... Un moment après arrive un
très vieil homme avec deux autres armés :
Qui êtes - vous ? — Monténégrins. — Que
demandez-vous ? — L'asile. — Combien êtes-
vous ? — Trente. — Où allez-vous ? — A
Saint-Basile. — Qu'allez-vous faire ? — Honorer le saint. — Vous promettez de ne pas
troubler notre repos ? — Oui. — Faites vos

signaux. Le chef fit certains signes de la
main et des armes. — Avancez.

Il est à remarquer que, pendant ce dia-
logue , tous les hommes d'armes du hameau se rassemblèrent à la hâte , tandis
que tous les chiens du pays , réunis au
sifflet, formèrent là un bataillon prêt à en
défendre l'entrée.

Ces chiens, bien que d'une grosseur ordinaire, sont d'une espèce toute particulière : ils sont couverts d'un poil hérissé ,
dur, gros, d'un gris foncé et presque de la
même couleur chez tous. Ils ont la forme et
la férocité du loup, et font un vacarme horrible à l'aspect d'un étranger. Je suis un
vieux militaire , la vue de l'ennemi m'a
difficilement troublé ; mais j'avoue que ces
maudits chiens me causèrent de l'inquiétude, parce que je ne prévoyais pas comment on pouvait les contenir ou s'en défendre. Malheur à celui contre lequel ils
sont provoqués ! c'en est fait de lui. Cependant un homme de notre escorte s'é-

tant détaché vers le village, les aboiemens cessèrent un instant après son arrivée.

L'aspect de cette milice canine nous reporte involontairement à certain temps, à certains succès obtenus en Amérique par de tels moyens. Elle nous rappelle les nobles entreprises, les hauts faits, et surtout la touchante bénignité de quelques flibustiers, trop connus pour le malheur des deux hémisphères, et qui avaient l'impertinente prétention de se mettre au rang des nations les plus civilisées de l'Europe.

Au retour de notre parlementaire, nous avançâmes. Le pope se trouvait à la tête des paysans. C'est lui qui, nous abordant le premier : Soyez bien venus, dit-il ; vous serez *comptés comme ceux de notre famille*. Je remarquai qu'il ne se tira pas un seul coup de fusil, contre l'ordinaire.

Mon compagnon et moi fûmes logés chez le pope avec le chef de l'escorte. Il nous pria à dîner ; les voyageurs acceptent facilement ; nous nous mîmes à table. Point de nappe, point de verres, point de fourchettes ; mais en compensation , beaucoup de viandes rôties , de poissons , et un plat copieux de coqs de bruyères , que j'ai mangés là pour la première fois de ma vie , et que l'on peut comparer au faisan pour le moins , pour la succulence et la finesse. On les mange avec la polinta , qui est une espèce de bouillie épaisse , faite de farine de maïs , et dont on humecte chaque morceau avec du beurre. On nous donna , à la place de pain , un gâteau cuit sous la cendre. Le dessert consistait en fromages , en figues sèches et en fruits divers. Le vin était médiocre; nous bûmes , les uns après les autres , dans une sébile. Notre repas fut silencieux. Le pope ignorait absolument l'italien , et je n'étais pas un très habile grec. Son premier propos fut pour s'excuser sur la qualité du vin. Je n'en ai pas de meilleur , dit-il , avec un sentiment de bienveillance ; mais je te le donne en bonne amitié. — Le vin de l'amitié, monsieur, est un vin délectable , et je le trouve tel, offert avec ce sentiment ; d'ailleurs , il n'a pas de mauvaises qualités. Cette assurance parut lui faire plaisir ; il me fit quelques questions sur nos armées : j'y répondis tant bien que mal, et au moment de nous séparer, revenant toujours sur son vin, il me dit : Si tu repasses dans ma paroisse, nous boirons à ta santé avec du meilleur.

Ce village est un petit endroit dont l'église ressemble plus à une grange en ruines, qu'à la maison de Dieu ; mais il est dans un enfoncement environné de rocs brisés, dont tous les intervalles sont garnis de lentisques et d'alaternes, qui, par leur constante verdure, en rendent l'habitation très agréable.

Nous nous dirigeâmes sur Schieclich, commune importante, située dans un fond très fertile. On la découvre subitement au moment le moins attendu, à une très grande distance, au pied et à l'ouest du mont Buccowizza, d'un point où, jusque-là, rien ne la fait pressentir, lorsque, tout à coup, le sol change et présente un immense bassin, dont l'accès paraît interdit au premier aspect.

Les guides y conduisent par un escalier d'un demi-quart de lieue , grossièrement pratiqué en zigzag , entre des rocs nus , et dépouillés de toute empreinte de végétation.

Nous n'y arrivâmes qu'à la nuit. Comme depuis notre scène de Buccowizza , nous avions soin d'envoyer quelqu'un en avant, loin d'éprouver la moindre difficulté , nous étions attendus avec impatience. Aussi notre réception fut toute patriarcale. Là , ce fut encore le pope qui nous en fit les honneurs ; il nous logea tous , quoique nous y trouvâmes une réunion de soixante personnes.

Le jour de fête de la famille en était le motif. Tous les membres y participaient.

Nous étions transis de froid et un peu mouillés de la pluie. Tous ceux de la maison , hommes et femmes, s'empressèrent de nous donner des soins. Ils le faisaient avec ce sentiment de l'hospitalité qui honora les premiers siècles appelés, peut-être pour cette raison seule , l'âge d'or.

Souvent on exagère les sensations diverses

qu'on éprouve ; mais , je ne dis rien de trop quand je fais l'aveu que je fus ému, jusqu'aux larmes, en comparant les prévenances touchantes de ces montagnards, au froid et à la brutale insensibilité, qui accueillent si souvent les voyageurs dans nos auberges si vantées.

Jamais on ne vit une assemblée aussi véritablement gaie. Les vins de la Czerniska s'y versaient à rasades, et disposaient les convives à un repas agréable. Enfin l'on servit ; comme l'on me faisait les honneurs du haut bout , nous disputâmes de politesse avec le pope, à qui je m'avisai de dire : A tout seigneur, tout honneur. Hé bien , soyez le nôtre, répondit-il sur-le-champ. Il insista de la manière la plus polie : j'obéis. On me plaça à une table réservée au chef de la commune, au pope et à sa femme, que je mis à ma droite. On sait que dans leur religion les prêtres sont mariés.

Le reste des convives était divisé en deux tables, qui n'étaient faites que de vieux ais où l'on voyoit encore empreints les coups de hache , et sur lesquels on posa de grands bassins plats en cuivre étamé. Des moutons rôtis entiers furent en un instant dépecés, distribués et dévorés. Les Monténégrins mangent peu de pain ; mais en compensation , ils font une grande consommation de viandes rôties.

Le repas fut un mélange de prières et de chants, auxquels tout le monde prit part. Les prindesi , les proverbes , les sentences occupèrent tous les compagnons de la table. On rit , on but, on divagua beaucoup, sans perdre toutefois de vue qu'on avait des étrangers.

Je m'aperçus que toutes les attentions se partageaient entre le pope et moi, et que l'on comptait pour bien peu la maîtresse de la maison; aussi je me piquai à la combler de prévenances; et, quoique dans le voisinage de la Turquie, au lieu de s'en offenser, on me témoigna qu'on m'en savait bon gré.

Si je bornais ici ma narration, je n'aurais donné qu'une légère esquisse d'un repas ordinaire; ce qui importe à mes lecteurs, c'est la connaissance de l'usage.

La fête ou *sacra ,* comme je l'ai dit, est le jour solennel consacré par chaque maison, à la réunion de toute la famille. C'est une époque où chacun étale ce qu'il a de plus beau , de plus précieux. On y fait des frais considérables. L'objet en est tellement respecté, que si quelque chef de famille y manquait, on en préjugerait le désordre des affaires de la maison, qu'on regarderait comme près de sa chute ; elle en perdrait son crédit. Ceux qui craignent de manquer d'argent, au temps nécessaire, s'y prennent long-temps d'avance; ils ont soin d'aller vendre, au loin, quelques objets de prix , s'ils n'ont pu trafiquer de leurs bestiaux ou assurer leurs rentrées de fonds , tout cela pour faire honorablement le cerémonial des repas usités dans ces circonstances. Tel est, sur les Monténégrins, le pouvoir du respect religieux pour les pénates.

Ordinairement, à ces fêtes, participent tous ceux des autres maisons qui appar-

tiennent à la famille dont le jour est venu ;
grands et petits, jusqu'aux dernières rami-
fications, les enfans à la mamelle sont admis
d'étiquette. On peut juger, par-là, si ces réunions sont nombreuses.

Toujours un ou plusieurs prêtres y assistent. Les repas se font en trois ou quatre
actes ; aussi sont-ils très longs. C'est un
mélange de cérémonies civiles et sacrées.

D'abord, avant de s'asseoir, le prêtre fait
une prière qui est peut-être la plus terrible
antienne pour les gastronomes bien dispos,
et les jeunes gens de bon appétit ; car, outre
qu'elle est très longue, elle est récitée avec
une lenteur et des contorsions capables de
provoquer le rire de ceux qui ne sauraient
pas respecter les usages.

On devine aisément qu'en se mettant à table, chacun s'empresse de réparer le temps
perdu ; mais bientôt une autre prière arrive,
à laquelle succède une cérémonie qui remonte
bien haut dans l'antiquité.

Le prêtre ou le maître de la maison, et la
personne qui, après lui, jouit de plus d'es-

time, servent debout; vis-à-vis l'un de l'autre;
on apporte un très gros pain rond, que le
prêtre coupe en croix à la partie supérieure,
pour atteindre jusqu'à la croûte de dessous,
sans toutefois la séparer. Il entr'ouvre le pain,
y fait des libations de vin pur, puis sépare
le pain en deux parties égales, dont il garde
l'une, et donne l'autre à son coopérateur.
Celui-ci le distribue de suite par morceaux
à tous les assistans, qui les reçoivent et les
gardent, comme chez nous on garderait un
morceau *de pain bénit.*

Le prêtre qui tient l'autre moitié de ce
pain déjà ouvert par la première opération,
la présente à la maîtresse de la maison, qui, en
s'inclinant, témoigne sa satisfaction, ayant
toujours soin de la refuser, pour en faire les
honneurs à la personne de la société qui lui
est le plus agréable. Le prêtre et la personne
choisie, tiennent, chacun de leur côté, la
portion de pain qui reste à séparer en deux.
A un signal convenu, chacun fait un effort
pour retirer à soi la partie qu'il tient, faisant en sorte d'entraîner de son côté la plus

grande pièce saillante, appartenant à la croûte de dessous du morceau opposé.

Celui qui a cet avantage, obtient le suffrage et les applaudissemens de toute la compagnie ; il acquiert la faveur de présenter à la maîtresse le pain et une bouteille de vin destinée spécialement à cet usage, et que, pour cette raison, on appelle le *vin* de la *sacra* ; ce qui se fait en posant le pain sur le haut de la bouteille, dont une partie de vin a servi à la libation.

Pendant ces pratiques, la maîtresse brûle de l'encens dans toutes les parties de la salle, et ne manque jamais de passer la cassolette sous le nez de tous les convives. Elle reçoit ensuite le pain et le vin qui lui sont destinés, avec un air de satisfaction qui tient du triomphe.

Sur la table, est de rigueur un vase plein de froment bouilli dans de l'eau et du miel. Un cierge planté dans ce grain, y brûle depuis le commencement du repas jusqu'à la fin. Qu'on ne pense pas que ce soit un hommage aux saints. C'est uniquement l'em blême de la pureté, du sentiment, qui préside à la réunion. Je m'en suis fait expliquer le vrai motif, et je me suis convaincu qu'il était très bien senti.

La maîtresse prend le vase pour offrir à chaque convive une cuillerée de grains ; elle répand ensuite le reste dans toute la salle, en signe d'abondance. On chante un cantique après lequel on reprend place. C'est alors qu'il faut voir chacun employer bien ses momens.

Vient un troisième acte ; c'est l'oblation d'un vin particulier de la part de la maîtresse. Nouvelle cérémonie, heureusement moins longue, mais plus bruyante. Une courte prière, cette fois, un court cantique, une courte bénédiction forment tout l'intermède. Tous les regards de la convoitise assaillissent les bouteilles. On boit enfin le vin de prédilection. Chacun n'a de prétention qu'à un verre, mais c'est à qui, à la faveur de la confusion, en ravira un verre de plus, en se présentant à la dérobée. Aussi voit-on la distributrice se tenir en garde contre les

surprises, et s'attirer tous les applaudissemens, si elle parvient à ne pas se laisser
tromper par les friands maraudeurs.

Immédiatement après, les ecclésiastiques
se retirent ; chacun, dès lors, s'abandonne
à la joie un peu vive, que leur présence
pourrait embarrasser.

Dès ce moment, la conversation devient
tumultueuse, tous les grelots de Momus sont
diversement agités. La marotte est en mouvement, et se passe d'un convive à l'autre ;
tandis que les sons du monocorde et de la
musette complètent la folie, sans qu'aucun
désordre se manifeste nulle part.

C'est dans ces occasions, et pour elles,
que se composent des hymnes, et qu'ou
improvise des cantiques. Ce peuple, dont le
génie est vif autant que l'imagination est ar-
dente, tire parti de toutes ses situations,
et a des instans d'inspiration la plus heureuse.

Comme on ne brûle ni huile, ni suif, on
est éclairé avec des fragmens de bois blanc,
ou de sapin, coupé en lattes très minces.

C'est la fonction du plus jeune garçon de la maison, qui s'en fait une bien importante affaire; car c'est une grande confusion pour lui, s'il laisse manquer de lumière.

Un meuble de fer, en forme de trépied, dont la partie supérieure présente une sorte de pincettes à tenons, sert à retenir dans une situation légèrement inclinée, les fragmens de bois, à mesure qu'ils se succèdent.

C'est à Schiéclich que, pour la première fois, je vis un père jouir du spectacle bien touchant d'une sixième génération.

Ce vieillard avait cent dix-sept ans; son fils en avait cent; le petit-fils touchait à la fin de sa quatre-vingt-deuxième année, l'arrière-petit-fils en avait soixante accomplies. Le descendant de celui-ci en comptait déjà quarante-trois, le suivant, vingt-un; le dernier enfin, avait deux ans. Il était fort, vif, agile et d'une physionomie intéressante. Toute cette nombreuse société était donc une seule et même famille; tous ses rameaux appartenaient à la même souche.

Le vieillard resta à table jusqu'à la der-

nière prière ; il demanda la permissio
se retirer, alors tous se levèrent, et da
plus respectueux silence, allèrent, to
tour, baiser le vieillard à la poitrine, et r
rent sa bénédiction ; dès lors, je les vis tou
d'un enjouement qui ne peut naître qu'au
sein des affections réciproques.

Entraîné par l'enthousiasme que m'avait
inspiré cette scène, je voulus, à mon tour, embrasser le vieillard. Que de douces sensations
furent ma récompense! A peine avais-je repris
ma place, que tous vinrent m'embrasser à
l'envi avec la plus vive effusion. Je n'y fus pas
insensible. Le souvenir, au moment même où
j'écris ceci, me rapelle à ces douces émotions
que certains esprits forts, étrangers au vrai
bonheur, nomment faiblesses. Honorable
faiblesse que celle qui naît du sentiment
intime, par lequel l'homme surprend le secret de son âme, apprend tout ce qu'il vaut,
tout ce qu'il doit aux vertus de ses semblables, et découvre tous les rapports qui lient
tous les membres de la société ! Cet exemp
de longévité n'est pas très rare au Monten

gro, où la tempérance habituelle, la salubrité des eaux et des alimens, les mœurs,
l'heureuse absence de tant d'élémens qui les
corrompent, la bonté du climat, la force de
la constitution et le genre d'occupations dont
l'uniformité n'est jamais altérée par des
transitions subites et opposées, peuvent les
reproduire plus que partout ailleurs. Mais
ce que j'admirai, c'était le bon état de santé
et d'entendement dans lequel je trouvai ce
vieillard ; c'est cette tête vénérable où se
découvrait, sous les traits de la candeur,
l'empreinte d'une conduite pure ; où l'on
voyait à travers les sillons des années, la sérénité d'une âme qui n'est pas encore fer-
mée aux attraits du bonheur, et l'expression d'hilarité que donne seul le plaisir de la
paternité, en contemplant tant d'existences
dont on est la source.

Le restant de la soirée se passa en divers
jeux nationaux, toujours dans le plus grand
ordre et le plus parfait accord. Il me fut
même permis d'observer, d'une manière bien
sensible, une grande déférence pour l'aînesse

graduelle. Cette soirée fut pour moi l'obj
d'une méditation bien précieuse.

Il était dix heures du soir quand je me re-
tirai; on nous assigna, pour mon chasseur
d'ordonnance et moi, une petite chambre
dans un pavillon séparé de l'habitation
commune, et dans laquelle on nous ferma
soigneusement, quoiqu'on fît la garde autour.

A peine étions-nous dans le premier sommeil que nous entendîmes une vive fusillade
et des cris redoublés, auxquels je ne compre-
nais rien. Au tumulte des voix, aux aboiemens multipliés des chiens de tout le voisinage, nous eûmes quelques instans d'inquiétude; nous nous levâmes aussitôt; nous cher-
châmes quelques objets qui pussent nous
servir d'armes au besoin. Mon chasseur ren-
contra sous sa main le canon d'un fusil; le
hasard me donna une petite fourche à deux
branches, et nous nous postâmes, à l'entrée
de la chambre, résolus à nous défendre
vigoureusement.

Aussitôt la porte basse s'ouvre; on s'approche jusqu'à la trappe qui servait d'en-

trée à notre chambre, et nous étions prêts à assommer le plus audacieux, lorsque quelqu'un se fit entendre à demi-voix. C'était l'homme aux cent ans qui nous criait en illyrien : « *Gos podaru, gos podaru*, Messieurs,
» messieurs, ne soyez pas inquiets; une de nos
» bergeries a été menacée; le gardien a donné
» le signal d'alarme, et l'on répond, de toutes
» parts, pour annoncer qu'on est sur pied :
» mon père vous convie au repos; c'est lui
» qui, le premier, a pensé à vous, et qui
» m'envoie. *Dobravi noce*, (bonne nuit.) »

J'abandonne ici une infinité de détails qui, pour n'être pas nécessairement liés à mon plan, ne seraient pourtant pas sans intérêt; mais qui me jeteraient dans des longueurs fatigantes pour les lecteurs.

Pendant tout mon séjour à *Schieclich*, j'éprouvai les mêmes soins, les mêmes attentions que le premier jour; mon ordonnance, mon domestique y avaient aussi leur part ; tous ceux du pays leur demandaient, s'ils étaient contens ? Ils se montraient satisfaits quand on leur en donnait l'assurance. Tout le monde concourut à mes observations, en m'apportant les plantes les plus curieuses, ainsi qu'en répondant, de la manière la plus exacte et la plus obligeante, à toutes mes demandes.

Nous partîmes de *Shieclich* à l'aube du jour, par un temps magnifique. On ne saurait se former une idée du spectacle ravissant que produisent en ce pays, les premiers rayons du soleil, sur une innombrable quantité de monts couverts de bois diversifiés de mille teintes, et par la variété des sites. A chaque instant, à chaque pas, la scène change ; elle offre des plans toujours nouveaux, des tableaux tantôt sévères, tantôt radoucis par les plus heureux accidens, par des situations inattendues, surtout aux approches de *Biélizzé*.

Le village qui, considéré sur la carte, n'offre qu'une distance de trois milles de *Schieclich*, en est éloigné de quatre heures et demie de marche. Il est sur une hauteur qu'on aperçoit d'assez loin, et sur laquelle, dans les temps du passage des corbeaux, on tend des piéges à ces oiseaux, qui y séjournent deux fois tous les ans, environ quinze ou vingt jours. Les habitans se nourrissent, pendant tout ce temps, de leur chair, à laquelle ils attribuent la faculté de leur donner une longue existence. Aussi est-il vrai que, dans cette partie du Montenegro, on vit très long-temps; mais ces gens ne considèrent pas qu'ils sont sur un sol découvert, très élevé, éloigné d'ailleurs de toutes les causes qui peuvent altérer la santé; qu'ils reçoivent l'influence graduelle du soleil depuis son apparition sur l'horizon, jusqu'au dernier instant de sa course, sans aucun obstacle. Mais tel est le préjugé de ce peuple, qu'aucune raison ne peut prévaloir sur lui.

Nous ne trouvâmes que des femmes dans ce village. Elles nous parurent dans une grande agitation. Nous les aperçûmes d'environ deux cents pas; elles étaient en avant des premières maisons, courant çà et là, gesticulant, désignant plusieurs points, et transportant des coffres. Mon escorte en parut inquiète; elle soupçonna quelque événement; on pressa la marche. En effet, un enlèvement de bestiaux, par un gros parti de voleurs avait fait prendre les armes à tout ce village, où il ne restait que trois vieillards impotens, et où l'on avait d'abord cru que c'était une incursion des Turcs qui, depuis peu, avaient pénétré dans l'Herzegowine. Mon escorte fut reçue avec les bénédictions qui accompagnent des libérateurs.

A peine informé de ce qui se passait, le chef me fait loger, demande des rafraîchissemens, et part avec son détachement vers la direction indiquée. Tout ce qui restait dans le village, passa la nuit dans une grande anxiété ; nous-mêmes reposâmes bien peu. A trois heures du matin, les hommes arrivèrent, chargés de butin qu'ils avaient enlevé aux voleurs dont ils apportaient deux têtes, et ramenaient leurs bestiaux. La joie était peinte sur tous les visages ; ils racontaient réciproquement les prouesses les uns des autres. Tous furent ravis de me voir et de me rendre témoin de leurs succès. Il y eut une espèce de fête dans le village, dont le curé chanta une grand'messe ; on eut grand soin de m'y inviter. Pendant le restant de la journée, on ne cessa de nous prodiguer tous les genres d'honneurs qu'on peut imaginer dans un moment d'expansion, produite par des avantages qui flattent l'intérêt autant que l'orgueil national.

Nous partîmes le surlendemain pour *To-mich*, où nous arrivâmes à onze heures du matin; nous nous y rafraîchîmes. C'est un misérable hameau qui n'offre rien de remarquable, si ce n'est la stupide arrogance de ses habitans, et le délabrement des maisons, quoiqu'ils soient voisins d'une carrière avantageuse à la construction. Le pope se plaint hautement de l'insouciance qu'ils montrent à cet égard; il invoque en vain l'exemple des autres communes qui les avoisinent. Ses avis sont impuissans, et il nous témoigna la crainte qu'il avait qu'on ne lui attribuât de partager l'indolence de ses paroissiens.

En sortant du village, nous observâmes de jeunes garçons, occupés à un jeu qui me parut d'un genre neuf, et que, par ce motif seul, je vais décrire.

9*

A environ six pieds d'un mur quelconque, mais plus particulièrement de celui d'une église, qui est plus élevé et plus uni que ceux des autres bâtimens, on plante deux perches verticalement et en ligne parallèle, distantes d'un pied seulement l'une de l'autre. Elles sont fixées en haut par une traverse, au milieu de laquelle on pratique un trou avec une vrille, afin d'y pouvoir introduire un petit cordon, qu'on arrête par un gros nœud, et qui se prolonge, depuis ce point, jusqu'à la hauteur de la ceinture. A son extrémité est attachée une boule, de la grosseur de celles dont on fait usage dans les jeux de billard. On décrit sur le mur, à l'endroit où la boule peut atteindre, un cercle d'environ six pouces de diamètre ; un des joueurs agite la boule en l'attirant d'abord à lui ; il vise au centre, et par un mouvement d'impulsion tel, que la tension du cordon n'en soit pas altérée, il dirige la boule vers le cercle, de manière qu'elle aille frapper dedans. Il ne suffit pas, pour compter un point, que la boule remplisse cette condition,

il far it qu'au retour, elle passe entre les deux
perch es sans les toucher. Il arrive très souvent que le moindre grain dans le mur , la
moindre irrégularité du point où frappe la
boule , lui imprime une divergence qui
trompe l'adresse et l'espoir du joueur. Chacun
compte ses points jusqu'à douze, qui est le
terme de la partie. Cela n'est pas aussi facile
qu'on se l'imagine d'abord. J'eus la patience
de suivre cinq parties, recherchant en moi-
même la cause qui a pu fournir à l'imagination l'occasion d'un tel jeu. Les parties se pro-
longeaient assez, quoique ce fussent des garçons très adroits et depuis long-temps exercés.

Quelquefois ils attachent une pomme au
lieu de boule ; et, en conservant les mêmes
conditions du jeu, la clause essentielle est
de toucher le centre avec la pomme, sans
qu'il paraisse d'écorchure à la peau ; par
celui dont la pomme revient mutilée, doit
la remettre à son adversaire, et en fournir
une autre.

A notre approche des joueurs, ils cessèrent pour s'occuper de nous; et j'eusse perdu

l'avantage de les observer, si je n'eusse in 1-
sisté pour qu'ils reprissent leur partie.
Quatre ou cinq de ces garçons, au momer it
où nous nous remîmes en marche, m'offr i-
rent des pommes que j'acceptai, sans qu'il
me fût possible de leur faire agréer au .ne
sorte de récompense.

Nous arrivâmes de bonne heure à *Cevo*. Ce
grand bourg diffère peu de *Gnégussi* ; le
terrain y est même plus découvert, et quoiqu'il soit comme encombré de pierres dans
toute sa surface, il n'en est pas moins cul-
tivé et d'un bon rapport.

Malgré toutes nos précautions, nous ne
parvînmes à l'admission dans Cevo, qu'avec
difficulté. Il est même remarquable que plus
nous nous éloignions du chef-lieu, plus
ces difficultés allaient croissant. Ce ne fut
guère, en effet, qu'après avoir passé Saint-
Basile, que nous commençâmes à nous apercevoir de quelques relâchemens en notre faveur, à laquelle il paraît qu'on ne céda que
par les attentions des moines de l'abbaye.

Le peuple de cette commune a un air ab-

solument sauvage. On y diffère bien, dans les manières, des habitans de *Gnégussi*, qui ont des rapports journaliers avec Cattaro.

A *Gnégussi*, ma présence avait inspiré une curiosité où se mêlaient le respect et la considération ; à *Cevo*, au contraire, hommes, femmes et enfans s'approchaient de moi avec une liberté indécente. Les enfans venaient toucher les boutons de mon habit, dont ils paraissaient très curieux. M'étant aperçu que l'un d'eux essayait d'en détacher un avec un couteau, je lui offris une pièce de monnaie, qu'il dédaigna. Je lui donnai alors un bouton, dont il parut extrêmement satisfait. Un deuxième se présentait pour en obtenir aussi, et je le lui donnai au moment où le chef d'escorte s'en aperçut, et voulut m'en empêcher. Je le lui donnai néanmoins ; mais il congédia les autres, et j'en fus quitte pour deux boutons.

Le chef d'escorte avait conféré longuement avec les primats, avant d'avoir obtenu l'asile. Quand il nous eut été accordé, il me dit en m'abordant : « Commandant , tu dois

» trouver étrange qu'étant avec nous, qui
» sommes de la nation, tu as si long-temps
» attendu. Ces difficultés ne te regardent pas
» seul ; c'est la règle du pays à l'égard de tout
» étranger. Mais, à présent que nous avons
» obtenu le passage, tranquillise-toi ; chaque
» habitant de la commune s'est lié, par son
» assentiment, à ta conservation. »

Nous entrâmes, en effet, au bruit d'une fusillade d'honneur, et à la première maison, on nous offrit le vin en signe d'amitié. On nous logea chez un vieillard qui avait servi long-temps en Russie, et qui, depuis quinze ans, s'était retiré dans ses foyers avec le grade de brigadier, dont il conservait précieusement les marques.

Cet homme avait parcouru plusieurs parties de la Moscovie ; il connaissait parfaitement la Suède, Venise et les principales villes de l'Italie, ainsi que tout le midi de la France : il se rappelait encore quelques phrases françaises, mais il parlait très bien l'italien. Sans avoir ce qu'on appelle de l'instruction, il savait beaucoup, parce qu'il avait beaucoup vu ; il était, du reste , plein de feu et de génie.

Son accueil franc et ouvert nous prouva combien il était flatté de notre visite. Il aimait à causer ; il en saisit l'occasion. Parmi les mille questions qu'il me fit, beaucoup étaient relatives à la guerre.

Vous ne vous arrêterez donc jamais, messieurs les Français? me dit-il dans un moment d'abandon. Vous tenez en vos mains les destinées de l'Europe ; et l'on dit que les plus grands desseins vous entraîneront bientôt à ses extrémités. Prenez-y garde : *Qui trop embrasse mal étreint.* —Nous n'avons, lui dis-je , d'autre but que celui d'assurer la liberté de notre pays. Il faut bien se battre, puisqu'on nous fait la guerre. — Point du tout ; c'est vous qui la faites au monde entier. —Vous connaissez mal ma nation , lui répondis-je ; nous cédons aujourd'hui au douloureux besoin d'arrêter la fureur des ennemis de la France libre.

L'intéressant vieillard ne parut pas convaincu ; il secoua la tête, et continua ainsi :

« Quoique montagnard , j'ai couru le
» monde. Quelquefois aussi j'ai fouillé dans
» l'histoire , et je me suis convaincu que
» tous les peuples conquérans sont tombés
» dans la servitude. Je crains bien le même
» sort pour vous. Je l'avoue, j'aime la France ;
» c'est le plus beau pays que j'aie parcouru.
» Les Français , d'ailleurs , sont véritable-
» ment braves, bons, hospitaliers : ce sont
» d'honnêtes gens ; j'ai beaucoup à m'en
» louer. »

Je l'interrompis, en lui représentant qu'en
fait de guerre , les grands états se trouvaient
entraînés souvent, malgré eux, à des entreprises inattendues , qui s'enchaînaient les
unes aux autres, et se succédaient contre la
volonté de tous.

La nuit s'avançait. Pressé par le sommeil,
je priai le vieillard de me permettre de me
retirer ; il me serra la main, et m'invita au
repos. Néanmoins sa conversation m'occupa
encore long-temps, et l'impression qu'elle
me fit m'a fourni matière à bien des réflexions.

Le lendemain matin, un peu avant ma
sortie pour mes visites et l'observation du
pays, mon hôte, en m'offrant un verre d'eau-
de-vie, me dit : « Ma conversation d'hier a
» dû te faire croire que j'étais peu propre à
» la guerre, puisque je la condamnais aussi
» ouvertement ; mais observe que j'ai déjà
» 94 ans. L'expérience donne seule la mesure
» des biens et des maux qui résultent de la
» guerre la plus juste et la plus heureuse. »

CHAPITRE VIII.

Vestiges de voies romaines. — Rencontre hasardeuse de quelques Turcs. — Trait de courage d'une femme. — Clepsydres, horloges du pays. — Cadrans solaires.

Tous les instans de mon séjour à *Cevo* furent marqués par des conversations longues, mais instructives. Le vieillard m'aida beaucoup à former mon opinion sur tout ce qui concernait son pays. Malgré son grand âge, il m'accompagnait jusqu'à deux lieues de rayon. Je ne saurais trop me louer de toutes les marques de bienveillance dont il m'honora. Il nous traita avec abondance; mais surtout avec une profusion de viandes qui, chez ce peuple, est la marque infaillible de la plus grande estime qu'il accorde à ses hôtes.

Nous nous séparâmes pleins d'une estime réciproque. J'ai conservé long-temps le souvenir de tout ce qu'il m'a dit, ou plutôt rien encore n'en est effacé; mille circonstances qui ont suivi m'y ramènent sans cesse.

Le bruit ayant couru à *Cevo* que des hordes turques avaient paru sur les hauteurs de *Lastovich*, on doubla mon escorte des plus braves du lieu, et nous partîmes au soleil levant, pour être mieux en état d'observation.

C'est dans le trajet de *Cevo* à *Rettichi* qu'on découvre, sur la droite, au milieu des bois, des restes de la voie romaine, qui de *Risano* se dirige à *Constantinople*, à travers le *Montenegro*; c'est cette voie *Pentaguriana* dont fait mention Lucius le jeune, et qui s'étend, par plusieurs embranchemens, dans toute l'Illyrie, où elle conserve encore plusieurs vestiges, principalement dans la *Bosnie*, depuis le chemin de *Jani-Serajevo* jusqu'à *Pristina*, et de *Castel-Nuovo*, où il existe encore un pont de construction romaine, à droite du fort Espagnol. De là, elle continue par l'antique *Nérone* vers la pointe de *Vido*, dans la direction de l'ancien couvent, et va jusqu'en Istrie et en Italie. Tant de coupures, tant d'affaissemens, attestent irrévocablement la fragilité des œuvres de l'homme; tant de débris glorieux, encore empreints du sceau romain, provoquent de grands, mais de bien douloureux souvenirs....

Il n'est pas de sortes de précautions que nous ne prîmes pendant la route pour éviter les embuscades. Plusieurs de nos gens d'armes marchaient à ving-cinq ou trente pas en avant de nous ; d'autres fouillaient sur les flancs ; quelques uns se tenaient en arrière, tandis que le gros du détachement m'entourait, et me faisait arrêter pendant toute l'observation.

Vers les onze heures, on aperçut, en effet, plusieurs Turcs sur une éminence qui commandait le passage. Nous en fûmes avisés à l'instant. Aussitôt chaque Monténégrin examine ses armes ; le chef ordonne un mouvement prompt que je ne comprends pas, et me dit : « S'ils nous attendent, dans peu tu

» verras leurs têtes à tes pieds. »Ils s'élancent avec la légèreté du cerf, sans me donner le temps de les suivre, et en un clin d'œil, ils atteignent le pied de la montagne occupée par l'ennemi ; il se fait une décharge réciproque, très vive ; mais les Turcs, jugeant à notre nombre qu'ils auraient mauvais parti, se retirent avec précipitation et dans le plus grand désordre, laissant un mort et deux blessés, qui furent faits prisonniers, et auxquels on coupa la tête, dont on vint me faire hommage.

Ce spectacle me causa de bien pénibles sensations ; il me fit regretter plus d'une fois d'avoir entrepris ce voyage.

Un champ de bataille qui se couvre des victimes de l'ambition des rois, ne produit pas d'abord une telle impression sur l'âme, même la plus sensible, parce que, dans le système militaire, le besoin de se défendre, le soin de sa réputation, l'opinion des chefs, le respect et l'estime de ceux à qui on se doit en exemple, le bruit des armes, le son des instrumens guerriers, le tumulte même ;

tout dans ces instans concourt à m
au ton de l'action qui se passe ; et
reusement l'homme même le plus enclin à
sentimens pacifiques, entraîné par l'élan du
courage, séduit par l'attrait de la renommée,
se repaît avec orgueil du sang versé à flots,
du nombre, de la qualité des têtes immolées
à l'honneur de ses bannières.... Mais, dans
le calme des passions.... quelle scène horrible !.....

Je savais, il est vrai, qu'il est dans les institutions militaires de ce peuple, de couper la
tête à ceux de ses ennemis qui ont le malheur de tomber en son pouvoir : on les plante
sur des perches au haut des montagnes,
dans les passages les plus fréquentés des frontières ; et l'on n'y ferait pas grâce à un souverain. L'exemple de plus d'un pacha en fait
foi, et nous en avons même de tout récens.

Plusieurs de nos compatriotes, entre autres, le valeureux, mais trop téméraire
général *Delgorgues*, furent victimes de cet
usage barbare.

Lors de la défense de Raguse, sur une hauteur où nous avions établi un fort en pierres sèches, qui, depuis, porte le nom *Delgorgues*, ce général, s'abandonnant à son intrépidité, dans la poursuite de l'ennemi, s'éloigna de sa troupe et tomba dans une embuscade ; on lui coupa la tête aussitôt ; on le dépouilla, et l'un de ses bourreaux eut l'audace de revêtir l'habit de général français et de continuer, ainsi affublé, le reste de cette campagne, qui fut de courte durée pour ces *si-caires.*

Les mêmes malheurs nous affligèrent pendant le siége de Castel-Nuovo, où nous perdîmes plusieurs des nôtres ; on joignit l'atrocité à la barbarie. Quelque Monténégrins, dans le délire de l'ivresse, s'amusant à jouer aux quilles avec les têtes de quatre Français, les apostrophaient outrageusement. *Gleda, gleda*, (voyez, voyez) se disaient-ils à chaque instant, *comme ces têtes françaises sont roulantes !....* Ironie bien cruelle, pour faire allusion à la légèreté qu'on nous impute !

Nous pressâmes notre marche pour arriver

de bonne heure à *Ceretti*, afin d'avoir le temps de faire des provisions, parce que jusqu'à *Bichisi*, il ne faut plus se flatter d'aucune ressource à moins de détours considérables, vers quelques hameaux, encore faut-il s'y rencontrer les jours ou les lendemain des marchés de *Niexich*. J'avais résolu d'aller visiter une chapelle qui se rapproche des montagnes, et où l'on jouit d'un magnifique horizon. La curiosité est le premier mobile du voyageur, ou, pour mieux dire, c'est une passion insatiable. J'aurais pu éviter de me porter jusque-là. Entraîné par la peinture des situations charmantes qu'on me promettait, je ne pus me commander, et nous gagnâmes la direction de la chapelle.

Notre voyage fut agréable quoique pénible; le temps était beau et frais. Nous fûmes égayés par mille petits contes plaisans que nous firent les hommes d'escorte. Car ce peuple, svelte et toujours en mouvement, est d'une extrême gaieté. Là, comme parmi nous, on apprend que le bonheur n'est pas au sein des grandeurs et des richesses de convention , entassées sous les lambris dorés.

Pendant la route, à l'occasion de ce qui venait de se passer avec les Turcs, je témoignais mon étonnement de ce qu'ils n'avaient aucun poste, de distance en distance, pour assurer les communications et servir d'asile momentané à leurs caravanes ; car, dans les deux tiers de leurs frontières, ils ne sauraient marcher autrement. « Ces postes, me » dirent-ils, exigeraient des gardes ; nos » hommes seraient obligés de s'absenter de » leurs maisons, et d'abandonner trop long- » temps leurs intérêts. Pour éviter ces in- » convéniens, il conviendrait d'en destiner » quelques uns à ce service ; il deviendrait » juste de les payer ; ceci nous mettrait dans » la nécessité de contributions extraordi- » naires, et par conséquent de la dépendance. » Tout homme qui peut se mouvoir, et qui » a la force de porter son arme, est obligé » de se trouver au lieu des rassemblemens ; » les moins valides gardent les villages, aussi » nous sommes tous soldats ; nos forteresses

10*

» sont nous-mêmes ; elles sont partout où
» nous sommes ; et en un instant, sans les
» secours des ingénieurs, nous en avons à
» opposer partout à nos ennemis. »

Nous nous reposâmes quelques heures dans un hameau où nous trouvâmes abondance de vivres. Il est dans la situation la plus agréable ; de là on découvre, de l'autre côté d'un torrent, une immense étendue de forêts, qui contrastent avec les rochers brûlans que jusque-là on a sous les yeux. Ces fôrêts où la coignée n'a jamais porté atteinte, semblent défier tous les âges et toutes les tempêtes.

Quant aux paysans, ils y sont d'une grossièreté repoussante, et de la plus grande ignorance de toute chose. Le prêtre ne diffère en rien du reste du peuple. Nous n'y fîmes aucune acquisition ; seulement on nous montra dans l'église un *Ecce homo* peint sur planche par un certain Martini. C'est une bonne pièce ; exactitude de dessin, vérité de situation, coloris, beauté, facilité d'exécution, elle réunit tout. C'est le meilleur morceau de peinture que j'aie vu dans tout ce pays. L'histoire qu'on fait de sa découverte, tient aux erreurs des premiers temps de la superstition; ce tableau, disent-ils, tomba du ciel, aux pieds d'un berger qui l'apporta au curé du lieu.

Nous décampâmes de bonne heure pour éviter les surprises de la nuit, car on ne peut se permettre de voyager sur toute cette ligne sans les plus grandes précautions, non-seulement parce que la route se rapprochant de la frontière, les Turcs se répandent dans tout le cordon par des sentiers connus et pratiqués par eux seuls, pour y surprendre les Monténégrins, leur couper la tête, par représailles, et voler leurs troupeaux, mais parce que le terrain y offre, à chaque pas, de nouveaux dangers.

Nous parcourûmes bientôt une étrange contrée; c'est jusqu'à *Bichisi* un espace impraticable, une chaîne de montagnes qui ne ressemblent en rien aux autres. En effet, aucune de celles de l'Europe n'offre d'aussi redoutables aspects. C'est un pays brute. C'est le rapprochement confus de la nature sortant du néant. Nul point où, dans la marche, l'on puisse reposer l'œil sur un brin de verdure ; point d'abri, point d'eau ; aucune trace d'êtres vivants, pas même un oiseau qui en interrompe l'affreuse monotonie ; des défilés effroyables ; un silence qui ajoute à l'inertie de la nature. On frémit, on recule d'effroi ; et l'on se surprend soi-même hâtant sa marche pour s'éloigner d'un sol où chaque pas semble devoir vous précipiter dans le chaos dont il est l'effrayante image.

Ce désert fut, il y a onze ans, le théâtre d'une scène qui atteste tout ce que peut, dans un être déterminé, la présence d'esprit unie au courage.

Quatre Monténégrins et leur sœur âgée de 21 ans, allaient en pèlerinage à Saint-Basile. Ils furent surpris par sept Turcs, à un détour de montagne, et dans un passage tellement difficile, qu'on ne peut le franchir qu'un à un, entre deux précipices. On les attend au défilé, et tandis qu'ils y sont engagés, on fait sur eux une décharge imprévue qui renverse mort l'un d'eux et blesse un autre ; il ne leur était plus possible de reculer sans s'exposer à une mort inévitable, honteuse et plus prochaine, puisque, en offrant le dos à l'ennemi, ils lui donnaient tous les moyens de les détruire à son gré.

Les deux frères valides, en s'avancant, ripostent, tuent deux Turcs et débouchent le défilé. Le Monténégrin blessé aux jambes et assis contre un roc, fait feu sur les Turcs, dont deux sont encore atteints mortellement, mais il est lui-même tué. Sa sœur s'arme de son fusil, et fait un feu aussi précipité que ses deux frères, mais en même temps l'un d'eux tombe sans vie.

Les deux Turcs, poussés par la rage, se jettent, à corps perdu, sur le seul Monténégrin qui reste. Celui-ci, d'un coup de ganzard ouvre le crâne à l'un des deux Turcs qui ont survécu, mais il reçoit lui-même la mort.

La trop malheureuse sœur qui n'avait cessé de faire feu, et jusque-là témoin active d'une aussi sanglante scène, reste un moment irrésolue; mais soudain, affectant un air de crainte et de supplication, elle

implore miséricorde. Le Turc irrité de
défaite des siens, est assez vil pour vouloir
abuser de l'apparente terreur de cette infortunée ; il ne veut lui accorder la vie qu'au
prix de son déshonneur. Elle hésite ; mais
laisse entrevoir qu'elle peut souscrire à la
lubricité du brigand ; il s'abandonne alors à
d'impudiques transports... Mais, à l'instant
où le musulman se flatte du succès, elle lui
enfonce dans le bas ventre le couteau qu'elle
porte à sa ceinture, et le renverse, laissant
dans les flancs du monstre l'instrument de
sa courageuse vengeance.

Quoique blessé à mort, le musulman veut
mettre à profit un reste de ses forces, et retirant le couteau de son corps, marche, en
chancelant, vers l'infortunée. Celle-ci, fu-
rieuse, se jette sur son adversaire, le saisit
au corps, et par un effort que le ciel pro-
tège, elle le précipite dans l'abîme voisin, au
moment même où quelques bergers, attirés
par une longue fusillade, lui portaient des
secours tardifs et d'ailleurs inutiles.

Pendant le récit de cette histoire chargée

de mille traits bizarres, assortis au génie particulier de chaque narrateur, nous avancions vers *Ceretti*.

Aux approches de ce village, on me fit remarquer plusieurs chênes isolés çà et là, où étaient accrochés quelques corbeaux. Cette particularité devait me porter naturellement à en demander la cause. On me répondit que c'était la manière de les prendre, et que celui qui avait tendu le piége, avait déjà une bonne chasse de faite; le nombre en était grand. Ils attachent à chaque arbre une ou deux corneilles, aux endroits les moins couverts, et dépouillant plusieurs branches de la plus grande quantité de leurs feuilles, ils en coupent les extrémités, auxquelles ils attachent des appâts qui cachent des crochets, à quatre branches en forme d'ancre; les corbeaux, et souvent aussi d'autres oiseaux de passage, vont s'y prendre, souvent en assez grand nombre.

Nous arrivâmes enfin devant la commune de *Ceretti*; même cérémonial pour la récep-

tion. Tout était prévu par notre estafette.
On nous offrit, à l'entrée, le vin d'honneur
et dans une sébile des topinambours frits
au beurre, tout chauds, et dont on me
vanta beaucoup la bonté; on avait raison ;
mais on parut fort étonné, lorsque je dis
que je les connaissais depuis long-temps
pour les avoir cultivés.

Cette fois, on nous logea chez le primat
Zarelich; aussitôt on trait les chèvres, on
tue des agneaux, des chevreaux ; on prépare des pâtes pour faire des gâteaux et du
pain. On nettoie, pour cet effet, trois places
au milieu du foyer; à l'une, on met la pâte
destinée au pain ; à l'autre, celle destinée à
la galette, espèce de gâteau plat; à la troisième, des pelotes d'une pâte jaune faite de
fleur de maïs, assaisonnée de lait, d'huile
et de sel ; on couvrit chacune d'un vase de
tôle hémisphérique, qu'on garnit de cendres
dans la circonférence; et dans trois quarts
d'heure, au plus, tout fut cuit. Jamais le
pain ni la galette ne sont préparés d'avance;

on les renouvelle à chaque instant du jour,
selon les besoins de la famille, ou des visi-
tans.

Par tout ce que j'avais déjà vu, et ce que
je vis là , j'eus la certitude que les Monténégrins, quoique sobres, se nourrissent bien.
Ils mangent aux heures communes aux peuples de l'Europe. Toute la famille mange en
même temps, mais non au même cercle; les
hommes sont d'un côté, les femmes de l'autre;
tous sont ou assis par terre à la turque, ou
sur des sellettes très basses; ils n'ont ni ser-
viettes ni fourchettes, si ce n'est aux jours de
grandes fêtes. La fourchette se supplée par
une petite branche à deux divisions, et cou-
pée chaque fois au premier rameau qu'ils
rencontrent sous la maïn.

Leur nourriture habituelle consiste en her-
bages, sans autre préparation que très peu
de sel, du lait, des œufs , des poissons salés
toute l'année, et frais seulement aux deux
époques du passage d'un petit poisson blanc,
nommé *scuranzza* ; de grosses viandes et
beaucoup de bouillie de maïs , mêlée de

lait. Ils font en outre , pendant le cours de l'année, une grande consommation d'échalottes et d'ail ; ce qui rend leur haleine d'une odeur insupportable , que l'on sent d'une extrémité de la chambre à l'autre.

.. La boisson commune à tous ceux de la maison, est de l'eau pure ; mais quand les hommes ont à faire quelque course un peu longue, ils portent dans leur outre une quantité de vin mêlé avec de l'eau. .

Depuis quelque temps, ils mangent beaucoup de pommes de terre., dont ils doivent le bienfait au *Wladika ,* qui en enrichit son pays à son retour de Russie (1786), et dont il encouragea la culture par son exemple.

Montres , inconnues.

·Là , toutes les fois que je sortais ma montre pour regarder l'heure , je m'apercevais qu'on s'approchait de moi pour l'examiner avec une attention presque stupide. On me faisait à l'envi mille questions ; j'appris qu'il n'y avait que sept à huit ans qu'on se servait de montres au Montenegro, dans la partie limitrophe à la Dalmatie. Le reste du pays les connaît encore si peu, que dans les affaires de Castel-Nuovo et Raguse, les Monténégrins qui s'attachaient à enlever à nos prisonniers tous leurs boutons et autres pièces de métal, se trouvèrent surpris, en tirant les chaînes, d'y voir des montres attachées. Ceux de la Zante, surtout, n'en avaient aucune idée , tellement que l'un d'eux, en entendant le mouvement de la première qu'il eût vue, lors du siége de Raguse , la jeta par terre avec effroi; et croyant qu'il y avait un esprit malin caché, il la brisa à coups de pierre.

Du reste, excepté à Cettigné , et au couvent de Saint-Basîle, il n'existe aucune horloge dans tout le pays, où l'on voit par contre des sabliers et des clepsydres en étain.

A l'occasion de la privation des montres, je demandai comment ils faisaient pour connaître les différentes heures du jour; le pope me répondit que leurs clepsydres remplissaient le même objet. —Non, répondis-je, ces instrumens marquent bien l'intervalle

d'une heure, mais point l'heure ré
jour. — Alors il me dit qu'il y avait da
village un certain *Zuanovich* qui avait tracé
sur une pierre, des marques auxquelles on
reconnaissait, par le moyen du soleil, les
différentes heures de la journée; que cet
homme était un savant, et que le lendemain on me ferait voir cette invention et
son auteur.

Le lendemain, on me présenta de bonne
heure ce *Zuanovich*, et nous nous rendîmes
sur les lieux. Je vis, en effet, une pierre brute,
posée horizontalement à une extrémité de la
place, unie seulement à sa surface supérieure, sur laquelle on avait tracé trois
marques, désignant la première heure à
l'apparition des premiers rayons du soleil,
le milieu du jour et l'instant de la disparition du soleil. Mais, dis je à Zuanovich, les
intervalles vous laissent dans l'incertitude.
— Nous en jugeons par comparaison. —
Quelles règles avez vous prises pour établir
votre calcul? — Je marque la place du stylet,
je l'introduis sans le fixer, et je ne le fais

définitivement que d'après des observations
réitérées et garanties par plusieurs révolutions annuaires. Je me convainquis que ce
prétendu savant ignorait les premiers élémens de la gnomonique ; mes questions parurent l'inquiéter , et comme je les faisais,
non pour paraître savant , mais pour m'instruire, je les bornai là ; je lui donnai quelques signes de satisfaction pour ne pas détruire la bonne opinion qu'on avait de lui.
Il s'en montra très reconnaissant.

Depuis, j'ai eu occasion de remarquer sur
plusieurs autres points du Montenegro, des
cadrans solaires dans des positions diverses,
les uns perpendiculaires, d'autres cylindri-
ques; ce sont, comme à Ceretti, les ouvrages
de paysans sans instruction , et encore moins
en état que Zuanovich de donner la raison
de leurs opérations.

CHAPITRE IX.

Fontaine singulière.—Rencontre où le carac-
tère Monténégrin se déploie.—Digression
sur l'attachement des hommes pour leurs
femmes dans ce pays.—Histoire de deux
jeunes filles. — Hommage au sexe.

Jusqu'à *Ceretti*, nous avions couché dans
des lits assez propres ; là, nous couchâmes
autour du foyer sur des nattes étendues
par terre, à la manière de tout le pays où il
n'existe aucun lit, si ce n'est chez l'évêque,
le gouverneur, les popes, quelques primats
et dans les couvens.

Nous partîmes le troisième jour : comme la
distance de là à *Bichisi* est assez considérable par des sinuosités sans fin, pour éviter les
obstacles des torrens, des ravins, et par la
descente et le gravissement interminables de
tant de monts, on nous chargea de provisions ; elles furent offertes avec instance.

Le pope nous accompagna jusqu'à un mille, à l'endroit où il existe une fontaine qui sort de la roche, et qu'on apelle *Vodelizza*. Elle est remarquable en ce qu'elle coule avec abondance, et du volume d'environ 6 pouces de diamètre pendant la nuit, et diminue progressivement, mais d'une manière presque insensible jusqu'au milieu du jour, surtout quand il fait chaud, au point de n'offrir qu'un très mince filet d'eau vers midi. Son cours reprend alors, par une gradation aussi insensible, jusqu'à ce qu'elle arrive au même période que la veille. L'eau de cette fontaine est d'une grande limpidité et d'une fraîcheur dangereuse, pour quiconque en boirait étant échauffé par la marche. Aussi les Monténégrins, atteints de la soif, ont soin de se reposer un moment avant d'en boire. Elle est purgative, et on lui attribue de grandes vertus. Ce phénomène, dont je ne suis pas assez savant pour connaître la cause, ne me surprit pourtant pas. J'ai observé dans le département du Gard, aux environs de la ville de Sommières, une fontaine (St.-Peyre)

qui est soumise aux mêmes lois de la physique, et qui, à chaque retour de la belle saison, est devenue le rendez-vous des sociétés
les plus nombreuses du département, atti-
rées par la salubrité de son eau. La communication que j'en fis aux habitans, parut les
surprendre beaucoup; ils s'imaginaient être
dans l'univers seuls possesseurs d'un semblable présent. Ils racontent là-dessus mille prodiges.

Nous prîmes congé du pope, et nous nous
dirigeâmes vers notre destination.

A une demi-lieue du trajet, deux Monténégrins des monts supérieurs, vinrent à
notre rencontre; grande démonstration de
part et d'autre. Cependant la plus grande
partie de mon escorte s'éloigne de l'un d'eux,
et le traite avec un tel mépris, qu'il se retire
confus. On se sépare. Je m'informe du sujet
de cette différence dans leur accueil. C'est un
assassin, s'écrie l'un de mes hommes, avec
un mouvement d'indignation : le misérable!
Sans y être excité par aucun outrage, et par
une bravade dont nous n'avons heureuse-

ment que cet exemple, apercevant sur une hauteur un homme qu'il ne connaissait pas, dit à son compagnon : Je parie le tuer au premier coup.—Je t'en défie.—Une pipe de tabac.—Va pour la pipe.—Il tire, tue l'individu, reçoit la pipe de tabac et court chercher la dépouille du malheureux.... C'était son frère !

Quelque temps après, reprend un autre, pendant qu'il séjournait à Cattaro, il réclame d'un habitant de cette ville, une somme que celui-ci ne peut lui payer à l'instant. Payes-tu, ou non? lui dit-il.—Non, je ne le puis. Il le tue d'un coup de pistolet et s'éloigne.

Il est à remarquer que ces attentats sont plus fréquens vers les monts supérieurs, dont les habitans sont plus cruels que le reste des Monténégrins ; ce sont des sauvages, retranchés dans des lieux inaccessibles.

L'indignation que tous ceux de mon escorte témoignèrent dans cette occasion, me fournit une réflexion consolante. Ces mêmes hommes, que la moindre offense provoque à la fureur, rendus à leur conscience, se révoltent au souvenir d'une atrocité; peut-être n'était-il aucun de mes compagnons de voyage, qui n'eût à se reprocher quelque scène sanglante de ce genre !

Nous arrivâmes de bonne heure à *Bichisi*, au moment où l'on sortait de l'église; nous fûmes environnés par la multitude, avec de grands témoignages de satisfaction. De l'église, qui est sur une élévation, on admire l'une des plus belles vues qu'il soit possible d'imaginer; tout l'intérieur du Montenegro; les confins de l'Albanie turque; des situations riches; mille plans heureusement variés; des oppositions brillantes; des nuances de dégradations infinies; tel est l'ensemble qui s'offre de cette position aux regards de l'observateur.

Comme le bruit de ma présence dans le pays était déjà répandu de tous côtés, nous entrâmes dans le village sans obstacle. On savait d'ailleurs que j'étais accompagné par les naturels, et on s'attendait à notre arrivée d'un moment à l'autre. Nous n'y perdîmes pas.

A notre approche du village, outre les

hommes d'armes du lieu , le pope et les primats, plusieurs femmes et enfans étaient en avant avec des jattes pleines de lait ; en acceptant d'une d'elles , j'avais cru accomplir les lois de l'étiquette ; j'en avais pris assez copieusement , et de manière à me croire dispensé d'accepter l'offrande d'une autre ; mais on me fit comprendre que je devais céder aux instances qui m'étaient faites par une deuxième ; j'y goûtai seulement, et je fis bien , car il me fallut continuer jusqu'à la cinquième. Ma condescendance parut leur faire le plus grand plaisir ; elles se mirent à chanter l'air favori de *maika-mavec praeco more svalar.* (On trouvera, plus loin, cet air noté, comme étant un échantillon de leur musique nationale.) Nous entrâmes ensuite aux acclamations les plus vives.

On me logea chez le primat *Jurovich* , homme d'une sagacité rare et d'une rectitude qui le rend recommandable à tous ses concitoyens ; il me traita avec les égards d'un homme plein d'urbanité , et sa conversation me fut précieuse sous mille rapports.

La politique, la législation, la morale lui étaient également familières, et il se livrait, par goût, à l'étude des plantes. Je lui dus, à cet égard, des connaissances importantes. Ses différentes conversations ajoutèrent à la conviction dans laquelle j'étais déjà sur plusieurs des principes sociaux, consacrés dans ces montagnes ; mais j'eus là une occasion de bien apprécier le sentiment d'affection qu'ils portent à leurs femmes. Ils sont capables de tout oser pour venger le moindre outrage, et ils respectent religieusement les femmes des autres. Aussi, chez eux, l'adultère est presque ignoré. Cette pureté de mœurs, ils la conservent même au sein des corps armés qu'ils forment.

Lorsque réunis aux Russes, en 1806, ils dévastaient les états de Raguse, ils se firent remarquer par-là même ; les Ragusaines réclamèrent avec succès leur protection contre la brutalité de quelques cosaques qui se sentant loin des regards du grand monarque

qui les gouverne , croyaient pouvoir mé-
connaître impunément les premiers devoirs
de la société.

Un jour m'entretenant sur cet objet ,
Jurovich se plaignait de l'opinion que l'on
avait , ou plutôt que nous avions de leur
indifférence pour leurs femmes , et de l'es-
clavage dans lequel ils les tenaient : « Vous
» êtes, dit-il , dans une grande erreur , et
» sur les sentimens et sur le fait. Nous
» aimons nos femmes plus que vous n'ai-
» mez les vôtres. Vous ne les recherchez
» que par vanité ou par spéculation ; nous
» par affection et reconnaissance.

» Vous vous déterminez souvent par in-
» térêt , quelquefois par les charmes qui
» n'agissent que sur les sens. Ce sont pour-
» tant des dons bien précaires , que les jeux
» de la fortune, une première incontinence,
» le moindre désordre , peuvent détruire
» comme une fleur passagère qu'un même
» jour voit éclore et périr. Tout rustiques que
» nous sommes, nous aimons *toujours pour*
» *aimer*; quelquefois par devoir, mais jamais

» par intérêt. Notre attachement se con-
» solide par l'habitude, et par les soins jour-
» naliers que nous recevons de nos com-
» pagnes.

» Elles ne sont pas esclaves, comme on
» l'a prétendu ; mais elles aiment leur re-
» traite ; il est vrai que nous ne faisons
» rien pour les en tirer. Au reste, j'ai couru
» l'Europe et j'ai presque généralement re-
» connu que, dans l'état actuel où elle est,
» notre situation n'est pas la pire, puisque
» nous cédons encore à des affections qui
» n'ont plus aucune action sur vous , et
» que vous ignorez trop la puissance qu'elles
» ont sur nos âmes, pour ne pas vous li-
» vrer à d'injustes préventions. »

Quelques traits rapides, en marquant le
caractère des femmes du Montenegro, vont
exposer les causes de l'opinion publique
qui les environne , et découvrir la source
où se puisent les sentimens qui entraînent
vers elles.

Si une fille devient enceinte, c'est une
calamité, non-seulement pour la famille,

mais pour tout le pays. On fait des prières dans les églises ; on s'en entretient partout comme d'une affaire d'état. La malheureuse victime de sa faiblesse ou de son amour est impitoyablement maltraitée, souvent même exposée à la mort.

Chassée de la maison paternelle, personne n'oserait lui offrir ouvertement l'asile ; elle est obligée d'aller se cacher dans quelque antre, où elle finit par mourir de faim, ou périt dévorée par les bêtes féroces.

Quelquefois elle s'expatrie ; il en est aussi qui, pour ne pas survivre à leur honte, se sont précipitées des plus hauts rochers.

Une très belle fille de ce pays, connue sous le nom de *Nika*, allait fréquemment à Cattaro, où elle avait contracté des liaisons avec un sergent français ; elle devint enceinte ; long-temps elle cacha son état ; mais une sœur, l'ayant découvert, en informa sa mère ; ces deux femmes, subjuguées par l'opinion, entraînent cette infortunée dans les bois, l'attachent à un arbre, l'éventrent et lui arrachent l'enfant palpitant !

Heureusement ces scènes horribles sont très rares au Montenegro, où il y a beaucoup de retenue parmi les femmes. On y connaît encore la timide honnêteté de l'innocence ; les bonnes mœurs n'y sont pas en dérision ; aussi l'opinion publique en est-elle la règle et le prix.

D'ailleurs, les Monténégrines sont naturellement douces et d'une ingénuité touchante ; elles sont sensibles et aiment avec constance; mais aussi sont-elles très jalouses et capables de se porter à tous les excès pour venger l'humiliation d'un abandon coupable.

Maria *Glavinovich*, d'une bonne famille, devint éprise d'un jeune Monténégrin nommé *Sava Jussich* ; elle céda au sentiment qui l'entraînait. Le jeune homme, après avoir tout obtenu, s'éloigna. Maria, qui voit approcher le terme de sa honte, le cherche ; elle emploie tout pour déterminer le séducteur à l'épouser. Elle pleure, caresse, menace, et toujours en vain. Enfin indignée, elle lui dit : M'épouses-tu, oui ou

non ? — Nous verrons. — Explique-toi sur
l'heure. — Hé bien , je te le promets. —
Quand ? — Dans un mois. — C'est trop
tard ; tu sais mon état , huit jours te suf-
fisent. Le jeune homme croyant se débarrasser seulement de l'importunité de sa victime, lui dit : Hé bien, dans huit jours. Maria
lui présente aussitôt l'image de la Vierge :
Jure, dit-elle, jure-le par la madone. L'aspect de cette image révérée , par laquelle
les Monténégrins ne jurent pas vainement,
découvre l'arrière-pensée de l'infidèle ; il
hésite : Hé bien ? dit l'amante inquiète. —
Mais il faut... — Il faut... Il faut jurer. —
Je ne puis... — Jures-tu ? Non. A ce mot
la jeune fille se précipite sur lui ; elle lui
arrache son poignard , l'en frappe au cœur
et se perce elle-même le sein.

Un autre trait qui prouve autant de modération que d'élévation d'âme , atteste
aussi d'une manière cruelle à quel genre
de courage peut se porter une femme d'un
amour dégagé de tout motif étranger.

Jane Stilich, depuis plus d'un an rece-

vait l'hommage de *Dragho Collorovich*. Déjà
le mariage était conclu entre les parens ;
des événemens inattendus séparent les amans ;
six ans écoulés attestent la fidélité de *Jane* ;
l'amour le plus pur soutient son espérance ;
elle refuse les meilleurs partis.

Dragho arrive enfin , après avoir parcouru les Echelles du Levant ; il apporte
dans sa patrie les vices du grand monde,
et daigne à peine regarder son ancienne
amie ; il forme d'autres liaisons. La bonne
Jane en sèche de douleur ; elle dépérit à
vue d'œil ; des amies lui désignent sa rivale.
Dans les transports d'une fureur jalouse,
elle veut l'immoler à son ressentiment ; mais
Jane était bien née ; à ses premiers mouvemens succèdent les pleurs, des pleurs elle
passe à la réflexion : Je saurai souffrir , dit-
elle , avec l'accent d'une douleur profonde.

Cependant on veut aiguiser sa vengeance
contre sa rivale. Eh ! si elle aime, dit-elle,
quel crime a-t-elle commis dont je ne sois
moi-même coupable? Dites seulement que
Biela est plus heureuse que moi. Sans doute ,

j'envie son bonheur, mais dois-je l'accuser ?
Dragho seul est criminel. L'ingrat ! il n'est
plus digne de ma pensée.... L'infortunée s'a-
busait elle-même ; elle se laissa mourir de
faim !

Qu'arriva-t-il ? les parens de *Biela*, instruits
du manque de foi de *Dragho*, lui refusèrent
leur fille. Les jeunes gens le désavouèrent
pour leur ami ; ils composèrent une complainte en l'honneur de *Jane* ; et *Dragho*
resta plus de six ans sans trouver une fille qui
voulût lui parler. Quel exemple ! Quelle
leçon chez un pareil peuple ! Quelle âme !
Quelle force morale anime de telles femmes !

O sexe qu'un cœur bien placé doit honorer autant que chérir ! Que ce peuple est digne d'estime qui, au sein de la nature à
peine ébauchée, sait si bien apprécier tes
vertus, et reconnaître ton véritable empire !

Oui, sans toi, sexe consolateur, sans tes regards encourageans, sans le désir de te plaire
et d'être approuvé par ton sourire, les hommes de tous les âges, de tous les rangs, les
rois mêmes, tendent vainement à la célé-

brité, au vrai bonheur. Tu es, et
jours l'arbitre de leur gloire, le
sateur des renommées. Le guerrier va co
battre loin de toi, mais ton suffrage importe
à son triomphe. C'est de toi qu'il attend le
véritable prix de la valeur ; c'est à toi qu'il
viendra toujours en faire hommage !

Ah ! s'il m'était donné de pouvoir célébrer
dignement les qualités que tu tiens de la nature, quel vaste champ ne serait pas ouvert
pour moi aux hommages que j'aimerais à te
rendre ? Mais je dois me borner à des vœux,
et je reprends ma narration.

CHAPITRE X.

Jeux et amusemens des Monténégrins. — Aventure du chasseur, et sa dispute, apaisée heureusement. — Manière de se parler de loin, en usage dans le pays.

LE pope de *Bichisi* me donna quelques détails sur les avantages de son pays; il le fit beaucoup valoir comme un lieu remarquable par la grande quantité de miel qu'on y recueille, et par la qualité particulière de ses fromages. Les habitans attribuent avec raison la préférence qu'on leur donne dans les marchés, à la qualité des eaux, à la nature des plantes nourricières, et à l'innombrable multiplicité des clématites répandues sur tout le territoire dont elles embaument l'air. Ce fut du pope que j'appris que les Monténégrins étaient habiles et renommés pour la lutte, le pugilat, le jet à la main, le palet et la fronde, faibles restes du souvenir des jeux olympiques.

Je n'ai pas eu l'occasion d'être témoin du combat à coups de poings ni de la lutte; tout ce qu'on m'en a raconté paraît invraisemblable.

Les Bichisiens ont la réputation d'être les premiers joueurs de palet. Ils en font un exercice continuel, et ils y excellent en effet. Mais leur mode est bien différent du nôtre.

Trois cerceaux de diverses dimensions, sont placés par terre, à un pied de distance l'un de l'autre, devant les joueurs, qui se tiennent à trente pas; à cette place, une corde est tendue pour empêcher les empiètemens, tandis que le pied gauche est porté en arrière et posé sur un petit pieu qui s'élève à quatre pouces de terre.

Dans cette attitude, ils doivent lancer le disque dans le premier cerceau. Si le joueur y parvient, outre le point qu'il marque, il a le droit de continuer jusqu'au deuxième. S'il réussit, il marque double, et continue; s'il arrive, en sus, qu'il s'introduise au troisième, la partie est terminée de droit, puisqu'on ne saurait faire mieux que lui. Dans

le cas contraire, chacun joue attentivement,
en observant la même règle. Il est à remarquer que le disque est assez grand pour couvrir presque le dernier cerceau, et pèse ordinairement huit livres, quelquefois dix ; ils
s'en servent avec une adresse merveilleuse.

L'occasion de ce jeu est due à leur proximité d'une carrière, dont les pierres se di-
visent en larges dalles de deux ou trois pouces d'épaisseur : tant il est vrai que la plupart des habitudes des hommes tiennent
exclusivement aux accidens du terrain sur
lequel ils sont élevés !

Mon chasseur vivait avec les Monténégrins
de mon escorte de la manière la plus intime,
et il s'était fait bien recevoir partout ; cependant un soir après le souper, et pendant que
j'étais encore à table avec notre hôte, j'entendis parler du côté de la porte avec beaucoup de véhémence et de volubilité. Je prê-
tai attention, et je compris que la discussion
s'échauffait. La voix de mon chasseur paraissait prendre un certain essor, je me porte
de ce côté ; je fais un signe de paix et l'on

m'informe du sujet. En le faisant connaître, je dois convenir que les Monténégrins sont naturellement inquiets et ombrageux ; qu'ils se plaignent pour de petites causes, qu'ils s'irritent d'un geste.

Leur conversation avait rappelé quelques faits passés dans la province, et où ils avaient figuré ; le chasseur avait redressé une erreur ; il soutenait son dire avec le ton que donne seule la vérité. Mais comme il mêlait le français et l'italien à quelques mots illyriques, il en formait un *baragouin* qu'ils n'entendaient pas ; tandis que, par cette raison, ses mouvemens et son expression qu'ils interprétaient mal, leur faisaient imaginer quelque insulte, et ils commençaient à le rudoyer. Je présumai facilement qu'il y avait dans tout cela, quelque malentendu, et je lui donnai l'ordre de me rendre son discours littéralement, pour en mieux juger.

Le sujet n'avait rien de grave ; la chose tourna en plaisanterie. Ces mêmes hommes finirent par en rire de bon cœur, et tous se mirent à l'unisson. Je profitai de cette dis-

position des esprits pour les éclairer; et jouant
sur les versions de mon chasseur, je les
fis rire aux larmes. Au premier moment de
calme, je leur fis quelques reproches honnêtes, en leur remontrant, cependant, comme
un travers, le penchant qu'ils ont à l'empor-
tement, et en leur remettant le souvenir de
quelques scènes dont j'avais une connaissance immédiate; la plupart en convinrent;
mais l'un d'eux s'en défendit avec chaleur. Il
allégua, non sans quelque justice, les extor-
sions, la cupidité de la plupart de nos agens,
les mauvais traitemens, la légèreté de conduite, les outrages mêmes que certains d'entre eux se permettaient; enfin il m'exposa
beaucoup de vérités affligeantes, dont au
fond de l'âme je ne pouvais disconvenir, et
qui m'expliquaient trop bien les motifs de
haine et de défiance qu'on ne nous dissimu-
lait nulle part.

Je parvins cependant à ramener ce Monténégrin. On finit par s'embrasser. Ce léger
nuage fut le seul qui troubla la gaieté de mes
gens; il servit même à resserrer nos liaisons.

Nous partîmes le lendemain de cette discussion, à la pointe du jour, par un temps superbe, pour nous rendre de bonne heure à Comani, où l'on m'annonçait des situations charmantes, des perspectives, des points de vue variés, qui pourraient m'occuper quelque temps. A une lieue de chemin, nous entendîmes une voix qui paraissait s'adresser à nous de très loin. On chercha long-temps le point d'où elle partait, et l'on découvrit enfin des bergers qui étaient au haut de rochers effectivement bien éloignés de nous; et qui, étonnés sans doute de voir, à cette heure, un nombre d'hommes assez considérable marchant sur leur direction, voulaient s'informer du motif de ce mouvement. On s'arrêta, on garda le plus profond silence, et l'on se tint dans la plus entière immobilité, pour mieux recueillir les paroles qu'on nous adressait. Les nôtres répondirent, et la correspondance continua, cinq à six minutes; après quoi nous reprîmes notre marche.

Il est d'un usage très fréquent, ou plutôt

général, chez ce peuple, de se parler de très loin. Aussitôt que deux ou plusieurs personnes ou des caravanes s'aperçoivent à quelques distances que ce soit, elles essaient de se communiquer, pour savoir d'où elles viennent, où elles vont, pourquoi et depuis quand elles sont en marche; si elles savent quelque chose de nouveau, et surtout si elles ont aperçu des Turcs ?

Ils placent les deux mains des deux côtés de la bouche, comme pour en former un porte-voix; ils les déploient à chaque syllabe en les portant en avant, comme s'ils lançaient la parole.

Leur mode d'articulation, par *syllabes interrompues,* se combine avec le temps nécessaire à la transmission des sons, d'un point à un autre, et avec la durée de ees mêmes sons, comme s'ils étaient initiés dans les lois de l'acoustique. Ils ont, d'ailleurs, la voix si nettement timbrée, et les organes si parfaits, qu'ils soutiennent de longues conversations, à la distance d'une demi-lieue.

L'auteur de l'Histoire naturelle, en parlant

des insulaires de l'Archipel, dit qu'ils s'entendent et se correspondent ainsi à une lieue.
Mon admiration pour le savant historien de
la nature, ne doit pas m'interdire de prouver, par des expériences, que cette assertion est sans doute exagérée de moitié, encore
faut-il pour se comprendre à une demi-lieue,
qu'on soit placé à *mi-côte* d'une montagne,
et parler avec un interlocuteur qui, lui-
même, soit dans une position à peu près
égale au côté opposé (1).

Les Monténégrins ont encore un moyen
de se comprendre par des tirs de fusil, dont
les coups, plus ou moins rapprochés, expri-
ment des phrases entières; ils s'en servent

---

(1) Dans la théorie des sons, il est reconnu que leur
transmission est d'autant plus fidèle qu'elle est plus rapide,
parce qu'alors les rapports entre le centre *phonique* et le
centre *phonocamptique* sont plus immédiats. La transmission a donc des effets d'autant plus sensibles qu'aucun inci-
dent physique ne vient fortuitement les altérer. Au reste,
dans l'espèce, il n'y a qu'un point efficace, comme dans l'optique, pour les termes extrêmes; et ces termes sont subordonnés aux facultés organiques, comme aux lois générales de la nature.

particulièrement quand ils soupçonnent quelque attaque des Turcs, ou quelque vol dans les bergeries. Ils s'annoncent ainsi quelque grand événement, et s'avertissent réciproquement pour les fêtes de village.

Tous ces détails nous occupèrent une grande partie de la matinée, et ne furent interrompus que par l'aspect de la vallée de Saint-Basile, qui s'offrit subitement à nos yeux, et comme par enchantement, au débouché d'une énorme chaîne de rochers tellement suspendus en saillie, qu'ils semblent devoir ensevelir les passans sous leurs masses menaçantes.

A vingt pas de là, on voit un calvaire dont le Christ est un chef-d'œuvre; il est en pierre grisâtre et très bien conservé. On doit regretter d'ignorer le nom de l'artiste; personne, pas même les moines de Saint-Basile, que j'ai depuis questionnés là-dessus, n'ont pu m'en instruire.

CHAPITRE XI.

*Marche vers le célèbre couvent de St-Basile.
— Danses bizarres. — Vigueur extraordinaire des danseurs. — Jeux publics, etc.*

Cᴇᴛ endroit est ordinairement le reposoir
de tous les pélerins et des voyageurs ; il est
impossible de n'y pas faire une station con-
templative. La plus belle scène s'y développe. Une infinité de villages, de hameaux
et d'habitations isolées, font pressentir une
population nombreuse, et tous les avantages
d'une culture favorisée par la situation ; la
Schinizza, qui y décrit son cours en mille
sinuosités le long des forêts plantées d'arbres
toujours verts, féconde tous les vallons. La
gauche est couverte par de riches vignobles,
de figuiers les plus beaux du pays. De tous
côtés des massifs de lauriers et de cyprès
d'une hauteur prodigieuse abritent les maisons ; et le cordon des monts supérieurs,

couverts de sapins antiques et inaccessibles, semble être la digue d'un vaste réservoir, d'où se précipite sur tous les points cette étonnante quantité d'eau, qui, d'une hauteur incalculable, divisée en nombreuses cascades, vient fertiliser les campagnes, et imprime à cet heureux site la vie et le mouvement.

Mais quels surprenans effets de la réfraction, lorsque vers neuf ou dix heures du matin les rayons du soleil donnent sur d'innombrables ruisseaux et sur ces cascades variées, tantôt sous la forme de colonnes à perte de vue, tantôt en larges nappes; ici en torrens impétueux, là en gradins bouillonnans! Il est impossible de rendre ce tableau. Tous les feux du ciel semblent appartenir à la terre et la brillanter d'or, d'argent et de pourpre.

Ravi de tant de véritables beautés, je résolus de passer sur cette hauteur une partie de la journée, avec d'autant plus de raison, que notre gîte n'était pas fort éloigné, et que je voyageais, non pour parcourir des espaces, mais pour observer.

Nous nous portâmes, avec deux ou trois hommes seulement, sur plusieurs points environnans, à de petites distances et dans toutes les directions. Ils me conduisirent dans une grotte très spacieuse, quoique peu profonde. Là, l'un de mes guides grimpa avec assez de peine, fort haut, et me rapporta cinq grandes gaufres de miel que nous appelons sauvage, et qui ne cède en rien au meilleur miel de Narbonne. Je voulus aller observer la place où il l'avait pris, et j'y parvins, non sans beaucoup de peine. L'arrangement en est admirable : on voit une infinité de gâteaux travaillés sous l'entablement de fractions de corniches naturelles. Mais, pour faire cet examen, on est obligé de rester quelque temps les yeux fermés pour réunir ensuite une plus grande masse de lumière. Il y a des époques où tout ce qui est accessible de quelque manière que ce soit, est enlevé; mais c'est la plus petite quantité. Quelquefois aussi, quand le vent est au nord, il s'en détache naturellement des parties cristallisées qui ont la dureté du su-

cre candi. J'ai dû m'en rapporter à ce que
m'en ont dit mes guides ; mais il n'est pas
difficile de le croire, parce qu'il y en a qui
datent de plusieurs années, et que ni la subsistance des abeilles, ni l'évaporation diurne,
n'ont pu les absorber. Ces abeilles s'introdui-
sent dans la grotte par des crevasses ou cavités pratiquées à l'extérieur.

Je vis qu'il faisait grand plaisir aux Monténégrins de me voir emporter deux gâteaux
dont je me régalai plusieurs fois pendant le
jour. J'en fis dissoudre à plusieurs reprises
dans l'eau, et j'en fis un très bon breuvage.

En marchant çà et là, je découvris un
plant magnifique, et qui vient spontanément
dans cette partie du pays. Il est connu sous
le nom de *Legno santo* (Bois saint); les naturels ne lui ayant pas encore donné un nom
d'après leur dialecte. De jeunes élèves commencent déjà, depuis peu, d'enrichir le quai
aux fleurs de Paris, sous le nom de *Lilas
superbe*, auquel il ne ressemble pourtant
en rien. Je l'ai étudié l'année d'après, dans

le jardin du curé de Budna. C'est tout simplement le faux sycomore de Provence.

Dans la région basse, c'est un arbre de haute futaie. Les rameaux se développent à la manière du frêne ; ils en ont les feuilles, dans une dimension à peu près égale, un peu plus découpées et d'un vert plus gai. Elles sont posées alternativement ; la nervure principale est terminée par cinq folioles ; les fleurs, qui viennent par bouquets, exhalent une odeur agréable ; mais elles ne viennent pas, comme l'a dit un botaniste lorrain, en bouquets comme le lilas sur un pédoncule ramifié ; plusieurs pédoncules partant du même centre, s'élèvent à quatre et cinq pouces, et portent chacun deux ou trois fleurs, formées d'un petit calice divisé en cinq, de cinq pétales, dix étamines, et d'un pistil, dont la base est un petit embryon qui devient un fruit charnu de la grosseur d'une prunelle, d'une couleur jaune sale, d'un goût âcre et d'une odeur fétide. Le noyau, qui est d'une dureté extrême, est susceptible d'un beau poli. Les Turcs d'Albanie s'en font des espèces de chapelets qui, entre leurs mains, n'ont pas d'objet religieux, comme on le pense bien; c'est pour leur servir de passe-temps; ils les roulent des heures entières entre leurs doigts, dans un silence imperturbable.

La substance grasse de ces baies, mises en ébullition dans l'eau commune, se détache de sa pulpe et surnage en forme d'huile ; lorsqu'elle est réfrigérée, elle acquiert la consistance du suif et sert à faire des chandelles, dont, à la vérité, la couleur est toujours jaune ; elle exhale, en se consumant, une odeur balsamique. Les fruits sont dangereux, mangés, même en petite quantité. Leur décoction est néanmoins apéritive.

Nous arrivâmes de bonne heure à Comani ; c'était un jour de fête. La population de tous les environs y était réunie. Comme nous approchions, la foule accourut au-devant de nous, et à peine mon escorte se fut-elle abouchée avec les plus avancés, que tous les hommes d'armes se rangèrent de manière à nous laisser un libre passage jusque chez le knès, qui sortait de sa maison avec cinq personnes, pour venir au-devant de nous, et qui nous reçut avec les marques de la plus grande satisfaction. Avant d'entrer il me fallut essuyer les embrassemens de cinquante à soixante *brates*, dont l'haleine, qui participait de l'ail et du tabac, me provoqua tellement au vomissement, que je fis des efforts incroyables pour me contenir. J'en fus incommodé une partie de la soirée; aussi demandai-je à me reposer quelque temps, après avoir pris deux verres d'eau.

Une heure après, étant un peu remis, le knès me proposa d'aller voir les danses, en me disant que je ferais plaisir : en sortant, il s'aperçut qu'on avait placé une garde d'honneur à sa porte; il s'en offensa et renvoya ce monde. « Allez, allez, leur dit-il, » nous le gardons tous. Ne loge-t-il pas chez » moi? que faut-il de plus? » J'applaudis manifestement à ce langage, qui me présageait la plus entière garantie. Arrivés sur l'*aire* où l'on dansait, on suspendit la danse, pour

me faire des démonstrations de bienveillance.
J'y répondis le mieux qu'il me fut possible,
et je pressai chacun de se remettre à son divertissement. J'examinai avec soin cette réunion. Les costumes des hommes et des femmes étaient plus soignés que tout ce que
j'avais vu jusqu'alors ; beaucoup de propreté,
beaucoup de richesse dans les ornemens. Des
spencers et des corsets de velours de diverses
couleurs, de gros boutons d'or et d'argent
brillans sur tous les habits des hommes, des
ceintures très fraîches, des chaussures brochées des plus vives couleurs ; tout était assorti au luxe des armes ; les femmes surtout
étaient très bien ajustées, et ressortaient
avantageusement, au prix de ce qu'elles paraissent dans leurs habits journaliers. Une
gaieté vive animait tout le monde. J'observai très attentivement leur danse ; et ce
spectacle transporté dans le sein de nos
grandes villes, y ferait une singulière impression.

Il est vrai que ce sont presque toujours

les mêmes figures, quant aux allées et aux venues; mais il n'en est pas de même de l'action des jambes, qu'ils meuvent en mille manières plus extraordinaires les unes que les autres. Le plus souvent, en s'élevant, ils frappent la jambe sur laquelle ils se sont donnés l'élan, au mollet avec la pointe du pied, et aux genoux, avec le talon, pendant qu'ils sont en l'air, et réciproquement des deux. D'autres fois, soutenant en l'air une jambe, ils parcourent, sur l'autre, la distance de l'aire, en se croisant avec leur figurante, qui agit de même. Ils font des sauts si variés, si burlesques et si difficiles; ils ont des gestes si étranges, si animés, et tout cela se fait si légèrement, que les grotesques d'Italie pourraient prendre chez eux d'utiles leçons. Mais ce qu'il y a de plus bizarre, de plus étonnant, c'est de les voir, dans certaines figures, un bras en avant, l'autre en arrière, les points serrés, la tête un peu inclinée, un air menaçant, courir les uns vers les autres, de manière à croire qu'ils vont se heurter rudement; mais arrivés tout près, chacun fait un mouvement si précipité, qu'ils se croisent sans se toucher.

Si, dans les momens d'effervescence où les conduit cet exercice violent, vous observez avec attention les yeux des acteurs, vous acquérez bien promptement la preuve, qu'ils sont dotés d'une âme véhémente, et que toutes leurs actions sont marquées au coin de la sensibilité.

Au moment où je m'y attendais le moins, la fille du knès vint me prier à danser. Non-seulement je fus étonné de cet usage que je n'avais pas encore observé, mais j'en demeurai un moment étourdi, par l'incertitude du parti que je devais prendre : si je refuse, me dis-je, je déplais; si j'accepte, je fais rire. Ma pensée se presse, ma détermination est prompte, et je m'élance librement. Heureusement je m'étais fort occupé des diverses situations. Je me livre avec hardiesse, et je m'acquitte de mon rôle le moins mal possible. Ce qu'il y a de vrai, c'est que si je me fis beaucoup applaudir, je fis aussi beaucoup rire, car je me démenais comme un possédé. M'a-t-on trompé dans les démonstrations de contentement que l'on m'a faites? Je l'ignore; mais ce que je sais bien, c'est que je me paraissais ridicule à moi-même; sans doute qu'on n'applaudit qu'à ma condescendance.

La plus grande partie de la jeunesse me reconduisit chez mon hôte avec lequel nous rentrâmes; je donnai le bras à sa fille, qui paraissait hésiter, et qui m'avoua que c'était la première fois qu'elle avait marché au bras d'un homme, cet usage n'ayant lieu qu'après le mariage.

Il y eut chez mon hôte un grand festin, où furent invitées les personnes les plus distinguées du pays, notamment le curé, qui avait été long-temps moine à l'abbaye de Saint-Basile, et qui me parut avoir quelques connaissances.

Vers la fin du repas, ils s'entretinrent, selon la coutume du pays, de leurs combats avec leurs voisins, des traits de bravoure et de quelques faits particuliers. Je remarquai que, dans aucun cas, le Monténégrin ne

s'entretient de lui-même. Si le discours roule
sur des événemens militaires, vous n'enten-
drez pas celui, surtout, qui a fait le plus pour
l'indépendance, vanter son dévouement; si
d'autres en parlent, nous y étions tous, dit-
il; s'il est couvert de blessures, vous ne le ver-
rez pas imiter la vanité de *Cratès*, montrant
sur la place publique son bouclier criblé de
coups, mais il se fait honneur des têtes qu'il
a enlevées à l'ennemi, et la considération de
ses compatriotes se mesure à leur nombre.

On mit beaucoup d'importance à me raconter un trait arrivé récemment dans cette
commune, et qui me prouva, par l'assentiment général, que la reconnaissance, ce sentiment des belles âmes, est religieusement
consacrée dans le Montenegro. Cette expression, trop peu sentie aujourd'hui, et trop
souvent profanée, n'y est pas le terme d'une
démonstration stérile.

Un jeune homme était éperdument amou-
reux. Un rival puissant se présente, et l'é-
loigne; la demoiselle ne partageait pas les
vœux du nouveau prétendant. L'amour se

confie à l'amitié et l'enlèvement se pro-
jette.

Depuis long-temps les parens de la demoiselle admettaient, entre autres familiers,
un jeune homme qui seul n'était pas suspect.
A la faveur de cette opinion, il n'est pas observé et parvient à enlever la maîtresse de
son ami. Mais poursuivi dans les ténèbres, il
est blessé, et court, dans cet état, mille
autres dangers. La demoiselle éperdue s'é-
loigne de son guide. Dans la confusion elle
se cache dans une caverne, où elle est
dévorée par une louve qui y allaitait ses
petits.

L'amant désespéré, est toujours préoccupé
du sentiment de sa perte; il reste plusieurs
années sans former d'autres nœuds; cependant le moment arrive; il aime passionné-
ment une belle personne dont il peut obtenir
la main; il apprend que son ami l'aime aussi,
et par le plus généreux sacrifice, il abandonne toutes ses prétentions. Je ne puis ou-
blier, dit-il à cet ami, que tu t'es exposé à
la mort pour me donner ma chère *Bitsra*.

Eh! j'ai trop senti sa perte pour te ravir la belle *Stané!*

La soirée se passa en divers jeux de société, dont quelques uns ressemblent aux nôtres, dans lesquels les règles exigent des gages, et accordent des récompenses, imposent des amendes, et où les condamnés, comme les absous, ont également à gagner. J'en passe les détails dont on ne me pardonnerait pas les minuties, quelque divertissantes qu'elles soient.

Le lendemain grande réunion, grand marché, tout donne à ce village un mouvement incroyable. Nous parûmes de bonne heure sur la place.

D'un côté, des cercles d'hommes assis par terre, la pipe à la bouche, le fusil sur l'épaule et le café en main, se répandent en plaisanteries ; d'autres, placés autour d'une outre pleine de vin, en versent tour à tour, et sans désemparer, en chantant à plein gosier. Ailleurs, les jeunes filles, assises autour des joueurs de monocorde, restent immobiles et dans le plus absolu silence ; d'autres, plus loin, déjeunent, avec du lait, des fromages, des œufs et des fruits; au milieu d'elles figure une corbeille pleine de fleurs et une outre pleine d'eau; dans un angle de la place, sont les danseurs; du côté des maisons sont les marchands d'outres, de peaux, de fromages, d'oignons, d'ail en quantité, de barrettes de laine, d'armes et de couteaux; au plus loin de l'église, est le concours des jeux.

Les plus habituels sont le tir à la cible, l'arc, les boules, les quilles, et plus particulièrement le disque. Ils y excellent.

Comme tous les peuples qui ne sont pas encore loin de la nature, ils font consister tout le mérite de l'homme, dans le courage, l'adresse et la légèreté surtout; et pour se faire estimer parmi eux, il faut y faire preuve de ces avantages.

Ce serait, on le sent bien, une sottise et un pédantisme bien ridicule, ainsi que l'ont voulu faire quelques uns chez des peuples à peu près semblables, de se prévaloir de la possession des hautes sciences, et de faire étalage d'érudition aux yeux d'une multitude qui y est étrangère.

Aussi, pour mieux étudier les Monténégrins, nous nous fîmes une règle de les imiter en tout, autant que nos facultés corporelles pouvaient le permettre. Nous tirâmes à la cible, nous disputâmes de la marche ; comme eux, nous gravîmes les plus hautes montagnes, autant que nous le pûmes, franchissant les fossés, les ravins ; nous sautions de rochers en rochers ; comme eux, nous grimpions aux arbres, pour en prendre les rameaux, les fleurs ou les fruits que nous voulions observer, nous dérobant souvent aux soins qu'ils voulaient prendre de nous les offrir.

Nous pûmes endurer la soif, la faim des journées entières, malgré la fatigue des marches, la chaleur ou le froid du climat, selon les transitions subites de l'une à l'autre température, auxquelles on est souvent soumis par les accidens des expositions.

Nous jouâmes, cette fois, au palet avec eux ; nous essayâmes souvent de manier leurs armes selon leur méthode ; ce qui leur fut infiniment agréable. Bien souvent aussi je découvris de la complaisance de leur part, à nous rendre vainqueurs.

Nous réussîmes cependant assez bien. Mais il est parmi eux un exercice d'un usage général, que nous n'avions encore vu nulle part, et dans lequel nous échouâmes toutes les fois que nous en fîmes l'essai.

Il consiste à lancer de grosses pierres d'une manière qui leur est toute particulière. Ils rapprochent les bras du corps, relèvent l'avant-bras dans une direction perpendiculaire, de sorte que la main se trouve au niveau de l'épaule. Avec l'autre ils y placent une pierre de trente et même quarante livres ; ils font un mouvement d'épaule , et tendant en même temps le bras vigoureusement, ils lancent cette pierre jusqu'à vingt-cinq pieds d'eux. Nous sommes convaincus qu'il faut, outre un fréquent usage, une constitution , des forces et une adresse plus qu'ordinaires.

Au reste, dans toutes les circonstances , nous nous conformions à tous leurs usages.

Nous marquâmes, surtout, beaucoup de respect pour leur culte, leurs dogmes, leurs
cérémonies; nous passâmes même sur leurs
erreurs, sans paraître nous étonner de rien ;
ils saisirent cette déférence et s'y montrè-
rent sensibles.

Cette règle sera toujours le guide de
l'homme de bien qui voyage, mais plus particulièrement de l'homme public; pour tous,
elle est, à la fois, un acte de prudence et d'intérêt personnel, outre qu'il se rattache aux
convenances. *Sequi has mores indigenas ho-
nestum est.* Toute l'armée de la Dalmatie connaît les malheurs de quelques commisssaires,
à Antivari, pour y avoir blessé quelques règles
de bienséance, et frondé certains usages.

On dira plus, il est aussi dérisoire qu'injuste de prétendre, comme l'ont voulu quelques jeunes étourdis, qu'une nation cède à
des passagers, à des troupes, errantes de
contrées en contrées, et toujours subordon-
nées aux chances de la guerre. Il y a sûrement
de la folie à vouloir qu'on nous sacrifie des
usages fondés sur la nature des lieux, liés

entre eux par des faits historiques, assortis à la religion nationale , et consacrés par le respect des siècles.

Nous partîmes de bonne heure de Comani par un temps couvert. A. un quart de lieue de distance, nous fûmes surpris par la pluie; on me proposa de retourner. Si c'est par rapport à vous, dis-je à mon escorte, je le veux bien. — Non, c'est pour toi, car ce temps-là durera tout le jour.—Nous savons supporter ce que souffrent les autres; les Français ne rétrogradent pas si facilement, dit aussitôt mon chasseur.... Le temps devint affreux, et la marche extrêmement lente et difficile; dans plusieurs passages, il nous fallut user d'échasses que nos gens fabriquèrent avec une promptitude surprenante. Plus d'une fois je perdis l'équilibre; mais je fus toujours retenu par deux ou trois Monténégrins qui ne me quittaient pas d'une minute. Nous arrivâmes enfin, harassés de fatigue, à Bezzi, où nous reçûmes de prompts secours, dont nous avions tous également besoin. Peu d'entre nous avaient envie de converser, malgré les mille questions de nos hôtes ; aussi chacun fut bientôt endormi.

Le lendemain, à peine fus-je réveillé que mon hôte vint me trouver avec son fils aîné, portant de l'eau-de-vie de poires, et un gâteau pétri avec du miel, que j'acceptai sans me lever. Il s'assit à côté de moi, et m'exprima la joie qu'il avait d'avoir pu me donner l'asile. Bientôt après il fit apporter des pipes, du tabac et du café. Il parut satisfait de mes réponses à toutes ses questions, et me serra, à plusieurs reprises, les mains de la manière la plus affectueuse.

C'était la première fois que l'on m'offrait du café depuis mon séjour chez le gouverneur, où je l'avais pris clarifié. Là, au contraire, on le prend avec tout le marc ; je témoignai d'abord quelque répugnance ; mais on m'observa qu'il était broyé très fin, et que cet usage ne me paraîtrait pas si mauvais quand j'y aurais goûté ; qu'il ne s'agissait que de l'agiter avant de le prendre. Je m'y conformai, sans rien dire ; et, ce qui mieux est, je m'y accoutumai.

J'observai que tous ceux de la maison et de mon escorte, prenaient le café lentement et par bouchées interrompues ; que, de temps en temps, ils aspiraient la fumée de leur pipe, et la soufflaient sur leur café, dont ils prenaient aussitôt une nouvelle bouchée, continuant ainsi jusqu'à la fin; mais je me donnai bien de garde de les imiter en cela. Ils en rirent beaucoup et long-temps.

Vers les huit heures du matin, j'allai reconnaître le pays. Bezzi est un village situé à l'exposition du midi, et dans une température déjà bien différente de celle du territoire parcouru, parce qu'il est abrité par le cordon des hautes montagnes qui le garantissent des vents du nord, et qui y concentrent la chaleur.

Cet endroit est assez grand, mais il n'a rien de bien remarquable, si ce n'est par le voisinage de quelques quartiers riches en botanique. Le restant du jour je me portai à d'assez grandes distances, et sur plusieurs rayons, pour en observer les sites et les communications.

Le territoire, quoique borné, est très fertile, et abonde d'autant plus en denrées de
toutes sortes, qu'il y a moins de débouchés
pour l'exportation, tant par rapport à l'é-
loignement des grandes communes, que par la
difficulté des chemins. Il n'y a guère que
les couvens qui aident à sa consommation.
Je fis quelques découvertes dont je parlerai
à l'article culture. Quand je rentrai, je trouvai la maison pleine de gens ; mon hôte avait
eu soin de réunir tout ce qu'il y avait de plus
notable dans le pays, et surtout les curés
des environs ; je n'eus point de peine à remarquer que là, comme partout ailleurs,
les prêtres concouraient pour beaucoup au
bon accueil que nous recevions. Nous fûmes comblés d'attentions et de prévenances.
On ne s'entretint que de choses vagues qui
ne méritent pas d'être rapportées, et de quelques intérêts de localité.

Le surlendemain, nous partîmes pour aller
visiter les trois hameaux qui sont immédiatement situés sous les monts supérieurs, et
dont les environs sont embellis des plus riches

vignobles, qui nous ont convaincus que les auteurs de quelques rapports et de notes sur le Montenegro, n'y avaient point pénétré, puisque, dans un manuscrit qui nous a été communiqué, on avance que l'olivier et la vigne n'y croissent nulle part. Sans opposer la partie où maintenant nous promenons nos regards, nous citerons la nahia de *Czerniska*, qui en est entièrement couverte, et dont toute la culture y est consacrée. Ces hameaux sont peu distans les uns des autres, et ils offrent le même aspect, les mêmes ressources, les mêmes relations.

Dans l'un d'eux, on nous proposa une partie de pêche aux écrevisses. On la pratique de plusieurs manières : une consiste à les chercher à la main dans les cavités voisines du bord des ruisseaux. Pour l'autre, on fixe des parties de roseau à un cercle de fer attaché par des cordons, en forme de balance, suspendue à une perche, et dans laquelle l'on met un morceau de lard rance. Une troisième se fait par le moyen d'un panier plat, où l'on met des racines de fougère couvertes de la fiente qu'on tire des intestins d'animaux récemment tués. Pour la quatrième, on emploie des faisceaux de longues herbes dans lesquels on renferme les intestins de ces mêmes animaux, qu'on place dans les parties les plus favorablement connues ; on retire les roseaux chaque demi-heure, à peu près ; pour le panier, on laisse un intervalle de deux ou trois heures ; mais le faisceau doit rester une demi-journée. Si ce moyen est le plus long, il est aussi le plus avantageux. Quand on retire l'appât, aucune partie des herbes n'est apparente ; les écrevisses y sont agglomérées en si grande quantité, qu'elles les couvrent entièrement, et ne présentent qu'une masse hideuse.

Notre pêche fut très heureuse et très divertissante ; quelques uns des nôtres chassèrent. Les provisions furent préparées et dévorées sur la pelouse ; nous y passâmes toute la journée, dans un festin continu, malgré le silence imposé pour le succès de la pêche.

Nous ne partîmes de Bezzi que le deuxième

jour, étant obligés de faire quelques dispositions particulières, et mettre ordre à mes notes, prévoyant bien que mon séjour à l'abbaye de Saint-Basile m'offrirait beaucoup de matière.

CHAPITRE XII.

Arrivée au monastère de Saint-Basile.

Nous gagnâmes la vallée de l'abbaye par des chemins dont les hommes ont pris quelques soins. Aussi est-ce l'approche d'un lieu saint, renommé par une longue série de miracles de tous les genres, enrichi par de nombreuses dotations de plusieurs souverains, et alimenté par de continuelles offrandes qu'apportent, de tous les points les fidèles, dans les transports de leur reconnaissance, pour les bienfaits divins dont cette contrée offre le témoignage privilégié.

Les ministres du temple prennent un soin religieux d'entretenir ce sentiment, par le prestige du cérémonial, la grandeur des oraisons, et l'appareil mystérieux, avec lesquels ils offrent les restes vénérables du saint, aux yeux d'une multitude ignorante et crédule.

Saint-Basile est peu distant de Comani inférieur, ou, pour mieux dire, Comani est le chef-lieu d'un canton qui comprend, dans sa circonscription territoriale, le monastère, l'ermitage et une infinité d'habitations isolées, répandues çà et là sur un riant coteau exposé au midi, sous les monts supérieurs, et qui domine parallèlement le cours de la Schinizza.

Pour arriver au monastère, il faut descendre presque jusqu'au niveau du lac de Scutari : là le climat est plus doux qu'en aucun lieu du Montenegro, si l'on en excepte la Czerniska.

A notre approche, l'archimandrite ou supérieur du couvent, à qui nous étions annoncés, vint au-devant de nous, accompa-

1.   14

gné de trois moines ; il nous fit un accueil gracieux, et il me conduisit à une chambre particulière, en me disant : C'est ici que tu reposeras ; agis selon tes usages, commande, tous les nôtres s'empresseront autour de toi. Il me témoigna, dès ce moment, le désir de me garder plusieurs semaines.

Le premier jour de notre arrivée se passa en dispositions particulières, en reconnaissances de la maison, en questions réciproques, et en complimens d'usage ; le lendemain, après le café et la messe, je commençai mes observations.

Le monastère est une réunion de bâtimens très solides, épars dans une vaste enceinte, et construits les uns après les autres, sans plan déterminé, au fur et à mesure que le nombre des cénobites et celui des pélerins, qui y sont hébergés pendant trois jours, s'est successivement accru.

Les jardins sont étendus et se prolongent jusqu'à la Schinizza, dont les eaux élevées par des écluses, se répandent en irrigations dans la plus grande partie. Ils sont bien fournis d'arbres de toute espèce, mais plantés sans aucun ordre ni symétrie, presque abandonnés aux soins de la seule nature.

L'église est de médiocre grandeur, bien construite, mais simple et tenue avec une propreté et des soins qui font beaucoup d'honneur aux moines; elle est fort riche d'offrandes.

Le surlendemain de notre arrivée, nous allâmes visiter l'ermitage qui est à un mille du monastère; l'archimandrite nous y accompagna, et nous servit beaucoup dans les détails historiques.

On arrive par des chemins très difficiles au pied d'une haute montagne couronnée d'une longue chaîne de rochers, ou plutôt d'un roc unique, dont l'élévation est absolument perpendiculaire, et qu'on croirait taillé.

Vers la moitié du roc, qui est nu, on aperçoit une large ouverture naturelle; c'est là l'entrée de la retraite qu'habita le saint patriarche Basile pendant trente ans d'austérités et de méditations, en expiation des écarts de sa jeunesse et des erreurs de ce monde, répandant autour de lui les secours des aumônes qu'il recevait de la piété des fidèles.

Avant sa béatification, le saint avait déjà fait plusieurs miracles; mais depuis il en a bien fait d'autres!... Ces miracles eux-mêmes en ont bien produit d'autres encore!... *L'un des bras du Pactole* vient couler jusqu'au pied du rocher, et de là, jusqu'au sanctuaire du monastère... Les moines, en puisant pour leur propre compte, dans ses eaux, le limon précieux, ont cru devoir en consacrer, au moins, une partie à l'ornement de la retraite du serviteur de Dieu ; aussi tout le décor du culte, tout le luxe divin, s'y réunissent confondus.

On ne peut atteindre à la grotte sainte, qu'à l'aide d'un escalier de bois, couvert d'un toit ceintré. On y compte cent trois marches en assez mauvais état. Ce n'est encore là que la moitié du chemin; le reste est taillé dans le roc; on y est conduit par une rampe naturelle, et par des détours infinis, qui aboutissent à une espèce de terrasse, d'où l'on pénètre enfin dans une enceinte de 60 mètres de long sur 25 de large, d'une figure presque triangulaire et dont la base repose à l'est.

Là, dans une chapelle de 5 mètres de long, sur trois de large seulement, mais richement et surtout confusément ornée, se voit un cercueil fait d'un tronc de cyprès, où, au milieu de tous ses miracles, saint Basile repose pour l'éternité.

Ses restes *destructibles* ne sont offerts à la vénération des pélerins, qu'après d'interminables prières, des œillades, des convulsions, des extases qui donnent à cette faveur tout le crédit d'un mystère divin.

Le cercueil se découvre enfin : on soulève un coin du voile funèbre, et le saint apparaît aux regards empressés, où se lisent l'admiration et le respect des consciences subjuguées.

Je l'avoue, l'art et le secret des préparations pour la dépouille périssable du béat, ces soins que l'on a employés à sa longue conservation, ont parfaitement réussi. Je ne sache pas avoir vu de ma vie, aucun corps embaumé, aucune momie, résister aussi opiniâtrément à la mine des temps, dans un tel état de fraîcheur.

Ce ne sont pas seulement les chrétiens grecs du Montenegro qui vont porter leurs offrandes à Saint-Basile ; les Bosniates, les Serviens, les Morlaques, les Albanais, y accourent : plusieurs Latins le visitent, et les Turcs eux-mêmes ont une sorte de vénération pour lui, quoique plusieurs affectent l'incrédulité jusqu'à la dérision.

L'archimandrite me remit une relation de la vie et des miracles du saint, imprimée en caractères illyriques. Elle est rédigée par les moines qui se sont succédés ; chacun a pris soin d'y ajouter selon son enthousiasme, et ses visions... C'est la véritable histoire d'une vie miraculeuse en compte courant... Quelques traits feront juger des fables qu'elle renferme, et peindront mieux le peuple que tout ce que j'en pourrais dire.

Un jour, le saint appuyé sur le parapet de sa terrasse, mangeait une poire, dont il jeta les pepins au hasard ; le lendemain , on vit planté dans le roc sec , un magnifique poirier couvert de fleurs d'un côté, de l'autre , chargé d'une innombrable quantité des plus beaux fruits , prêts à être cueillis : c'était dans le mois de février...

Une autre fois , le saint avait besoin de persil pour un remède , car le saint était aussi un habile docteur ; cette plante ne se trouvait nulle part. Il prie... un oiseau de couleur de pourpre et d'azur paraît dans sa cellule , et se repose sur le prie-dieu du vertueux anachorète. Il portait à son bec d'or une tige de persil en semence. Le saint la sème de suite sur le roc de sa terrasse , et le lendemain , le persil est prêt à être employé. Depuis , il se reproduit spontanément tous les ans , dans un coin , où le soleil, ni la pluie ne pénètrent jamais.

Enfin , une autre fois encore , il y a à peu près cent ans , dit l'histoire , un Turc , au fond incrédule , se présente à l'ermitage, avec les dehors de l'humilité et de la conviction , afin d'obtenir la faveur de la contemplation du bienheureux. Le desservant de la chapelle l'admet en présence des plus respectables personnages. A peine l'objet de la divine prédilection est-il découvert, le Turc approche, et feignant de lui baiser religieusement la main bénie, il en mord vigoureusement l'index, pour s'assurer, sans doute, si ce corps avait été animé... Mais, soudain, ô merveille! sensible à la morsure autant qu'à l'outrage, le saint, bien qu'enseveli dans le sommeil des siècles, retire brusquement sa main, et sans respect pour le sanctuaire, l'appliquant, avec violence sur la tête du sacrilége, le renverse mort.

Le moine, a bien soin de vous faire remarquer la morsure, et malheur à qui aurait l'air de douter!

L'ermite donne à chaque visiteur, *moyennant de l'argent*, un ruban de faveur de diverses couleurs. C'est un *pare-à-tout*, car il préserve des farfadets, des sortiléges, des tentations du diable, du tonnerre, du naufrage, de la peste et des voleurs.

CHAPITRE XIII.

Têtes coupées de Turcs, plantées en immense quantité dans les environs du couvent de Saint-Basile. — Réfectoire des Moines.

Nous séjournâmes plusieurs jours au monastère ; je me répandis à deux et trois lieues dans toutes les directions, pour faire des recherches dont le résultat pût intéresser les sciences et les arts ; mais quel spectacle ! partout vers ces confins, des têtes plantées sur des perches à la cime des montagnes, attestent la démence de l'homme et le coupable oubli du vœu céleste dans le but de la création.

Ces têtes sont celles de Turcs faits prisonniers par les Monténégrins, qui usent, il est vrai, de représailles. Au grand nombre qu'on y voit, on comprend aisément que ces sortes d'exécutions sont fréquentes, et les

naturels ne manquent jamais de le faire remarquer.

Les moines me dédommageaient, tous les
soirs, de ces fâcheuses rencontres, par les
soins les plus prévenans ; ils me rendirent
réellement le séjour de leur couvent très
agréable, non-seulement par les démonstrations les plus flatteuses, mais par la politesse qu'ils mirent à y retenir, à ma considération, plusieurs moines voyageurs, qui
réunissaient le plus d'instruction et d'usage.

Ce monastère a journellement beaucoup
de visiteurs ; il est vrai que le vin y est exquis,
et la chère bonne et abondante. Tout cela
aide les hommes inoccupés à supporter
mieux la nullité de la retraite ; l'époque
de mon voyage étant favorable, la société
y était nombreuse.

L'archimandrite, par distinction, voulait
me faire servir dans mon quartier ; mais
je demandai d'être admis à sa communauté.
Mon désir fit le plus grand plaisir à ce supérieur, qui, avec un air de satisfaction que
parut partager la société, m'introduisit dans

le réfectoire, qui est le grand et l'unique salon.

Quoique les prêtres grecs de cette contrée soient généralement plongés dans l'ignorance, ceux d'entre eux qui voyagent pour les intérêts de leur couvent, ou pour les quêtes, et qui, pour cet effet, parcourent les pays de la chrétienté les plus éloignés, savent beaucoup, pour avoir beaucoup vu et entendu; aussi, leurs divers entretiens me furent précieux, par l'habitude des sages comparaisons que j'y remarquai.

Les conversations étaient d'abord générales; mais bientôt je me vis l'objet de toute l'attention; je ne pouvais suffire à toutes les questions dont j'étais assailli. Pour m'y soustraire, je me rejetai sur ce que n'étant pas encore assez familiarisé avec la langue illyrienne, je ne pouvais bien rendre mes idées.

Un caloyer (moine) servien m'adressa la parole en italien, et me recherchant affectueusement, se lia plus particulièrement avec moi. Un soir, en nous promenant dans les jardins , il amena la **conversation** sur nos croyances dogmatiques , sur nos usages religieux , et même sur la conduite des prêtres latins ; mais s'attachant plus intimement à prouver que nous avions tort de condamner les leurs , il répondait à toutes mes objections par des citations et des faits.

En général , tous croient consciencieusement avoir atteint la perfection évangélique ; ils en attestent souvent la simplicité de leurs temples , celle de leurs cellules , de leurs vêtemens , de leurs tables , de leurs mœurs , et de leur langage.

Un jour , dans le cours d'un entretien animé , le moine , se mettant en parallèle avec les évêques de Rome , me dit : « Rien
» ne peut détruire ce qui est ; j'ai vu dans
» les villes de la Provence, dans la Flandre,
» en Irlande et même en Espagne, des usages
» qu'aucun de nous ne voudrait imiter. Nos
» évêques ne sont pas, au mépris de l'Evan-
» gile, entourés de valets comme vos princes
» ecclésiastiques. Des courtisanes dévergon-
» dées ne parcourent point les rues , placées à

» côté d'eux dans des chars dorés ; ils ne pres-
» surent pas leurs ouailles, par des rétribu-
» tions que les lois et la religion n'ont pas
» avouées, et surtout ils ne flattent pas les
» rois pour avoir des bénéfices. » Mon révé-
rend, lui répondis-je, si je parlais à un particulier, je ne craindrais pas qu'aucune de mes
observations pût donner lieu à des applications d'état et de situation ; votre caractère
m'impose la réserve ; mais vous me permet-
trez de vous représenter, que ce ne sont pas
là des usages ; ce sont des licences que se sont
permises quelques êtres corrompus que l'opinion réprouve, et que condamnent les saints
canons ; aussi tout cela diminue-t-il beaucoup depuis quelque temps. — « Mais que di-
» rez-vous pour justifier l'odieux que certains
» de vos ministres cherchent à répandre sur
» nous, continua-t-il, et des noms d'hétéro-
» doxes, d'impies, d'hérétiques dont on nous
» injurie, comme si nous n'étions pas de
» vrais serviteurs de Dieu, des confesseurs
» de sa foi ? Y a-t-il donc une si grande dis-
» semblance entre des chrétiens ? serait-il

» donc si difficile d'opérer une salutaire réu-
» nion ? Certes, ce serait un acte bien plus
» digne de l'attention de vos philosophes
» chrétiens, et des princes de l'église de
» Rome, que tous ces accès d'un ressenti-
» ment injuste, et ces querelles indécentes,
» qui ont déshonoré les derniers siècles. »

Mon père, lui répondis-je, s'il s'agissait
des armes, j'essaierais de répondre ; mais,
tout à fait étranger à la théologie, je dois
m'abstenir de décider sur des points aussi
délicats. Je m'en repose sur la sagesse de nos
docteurs.

Dans une autre de ces conversations, un
des chefs du monastère, qui avait vécu deux
années à Paris, après quelques observations
sur plusieurs de nos usages, me dit : « Vous
» le voyez maintenant vous-même ; nos
» saints offices ne sont pas souillés par de
» misérables accessoires qui n'ajoutent rien
» au respect et à la conviction intime. La
» piété publique n'y est pas divertie, par la
» présence inconvenante de certains pré-
» posés à l'ordre de l'intérieur de vos tem-

» ples, tels que vos bedeaux, vos suisses,
» armés de hallebardes. Lordre et la marche
» des processions se maintiennent dans notre
» église grecque; l'usage d'hommes armés y
» est absolument inconnu. Eh quoi! chez des
» peuples chrétiens, dans le temple même du
» Seigneur qui pratiqua la modestie et l'hu-
» manité, pourquoi ces armes? Est-ce pour
» attaquer? est-ce pour défendre? Attaquer!
» qui? Les ennemis de la religion? Elle-
» même vous défend l'attaque. Défendre?
» Eh! ces armes seraient nulles en des mains
» inertes, inhabiles, merc énaires. » — Mais,
mon père, la police....... — « Ce n'est assu-
» rément pas pour la police. Au moindre
» bruit, l'improbation de tous aurait bientôt
» rétabli l'ordre. Pourquoi ces précautions
» puériles? Des milliers de soldats, à la voix
» puissante du prince, ne sont-ils pas suf-
» fisans? Est-ce enfin pour honorer le temple
» du Seigneur? Eh! bon Dieu, quelle fré-
» nétique ostentation! Pauvre orgueil, que
» confond la candeur de la primitive église!
» Qu'espérez-vous de ces dehors sacriléges?

» La considération ? Non ; le respect des
» choses saintes ne s'acquiert pas à ce prix. »

Je fus frappé, je l'avoue, du ton, et surtout de l'assurance avec laquelle ce moine
me développa ses idées. Ses observations
me firent une impression profonde ; certes,
Dieu seul rend l'autel et son culte sacrés ;
les seules vertus évangéliques font des ministres agréables, à ses regards, et dignes
de la vénération des peuples.

J'eus beaucoup de ces entretiens, qui, au
fond, m'intéressaient et plaisaient à ces
moines. La modération que j'y conservais
leur inspira de la confiance ; et j'obtins
insensiblement les plus grandes notions, les
renseignemens les plus étendus, sur la religion que l'on professe au sein du Montenegro. Je puisais à la source ; et c'est ici le
lieu d'entreprendre un chapitre de la plus
grande importance, et qui mérite toute l'attention du lecteur.

CHAPITRE XIV.

De la Religion, ***des Ministres et des prati-*** ***ques religieuses.***

L'univers n'a qu'un vœu, c'est l'hommage éternel de tous les êtres envers le Créateur ; il est la source immédiate de mille religions, et de mille peuples qui l'honorent par des cultes différens.

Le mal n'est pas dans cette différence, puisque *Dieu est le principe unique ;* mais bien dans les motifs secrets, le vil intérêt et l'aveuglement coupable qui les ont établis, et ensuite corrompus.

La religion chrétienne, qu'on professe au Montenegro, est le rite grec schismatique, ou, pour mieux dire, c'est le rite grec servien, qui diffère beaucoup de celui de l'église grecque proprement dite, et dont, néanmoins, il dérive. Nous allons en parler avec

1.   15

détail ; et ce que nous en dirons donnera la juste idée du culte religieux des Monténé-grins ; abstraction faite de quelques légères manies qui appartiennent aux localités.

On y reconnaît les mêmes sacremens que chez nous, mais non les mêmes dogmes; le clergé y est *donatiste*, puisqu'il nie la validité du baptême de l'église catholique romaine ; et, pour cela, on y *rebaptise* les néophytes, en leur faisant les trois interrogations suivantes :

1o. Renonces-tu au pape ? 2o. Renonces-tu à la croix romaine ? 3o. Renonces-tu au jeûne du samedi ?

La deuxième interrogation (*odriezsesclise karsta latine koga*), peut aussi bien regarder le baptême que la croix, puisque *karst* signifie l'un et l'autre.

Ennemi constant de l'hérésie des sociniens qui, non-seulement n'admettent pas les mystères du christianisme, mais encore qui nient tout à fait la divinité du Christ, le prêtre monténégrin a pourtant en horreur et nos cérémonies et nos sanctuaires. Il ne veut pas consacrer sur nos autels, sans les avoir fait gratter soigneusement, ou laver d'une eau lustrale ; mais, le plus souvent, il les détruit pour en édifier d'autres 1).

Les Monténégrins baptisent leurs nouveaux nés , au plus tard, dans la quinzaine ; mais plus habituellement , le deuxième ou troisième jour après leur naissance. Quant aux néophytes, ils ne sont pas si sévères.

---

(1) Cette haine est commune à tous les chrétiens grecs. Cependant je connais, dans deux églises consacrées à leurs rites , des *chapelles-latines*, placées à droite de l'entrée principale, où officiaient, de nos jours, des chanoines du chapitre de Cattaro. Les jours destinés aux offices , on prévient le protopapa , et l'initiative appartient au culte catholique. C'est un ancien privilége que s'était arrogé la république de Venise.

Ce qu'il y a d'étonnant, c'est qu'on ait maintenu cette habitude, depuis la chute de la république vénitienne, et que nous-mêmes, en ayant prolongé l'abus pendant notre occupation de ces contrées, et l'église grecque ayant, par l'entremise du duc de Raguse , obtenu à Cattaro un temple qui avait appartenu à l'église romaine, leurs prêtres firent non-seulement reconstruire l'autel avec d'autres matériaux, mais encore gratter tout le sanctuaire.

15*

Ils sont iconoclastes. Ils honorent cependant les images peintes sur planches , selon l'usage antérieur à l'an trois cents ; mais ils affectent *le mépris le* plus outrageant pour nos images peintes sur toile ou sur les murs , ainsi que pour toutes les statues des saints ; s'appuyant sur le passage du Deutéronome : *Non facies sculptile*; ne sachant pas, ou feignant d'ignorer que la version des Septantes le rend par ces mots : *Non facies idolum.* Ce qui est bien différent.

Malgré ces opinions hétérodoxes, ils révèrent certaines croix couvertes de sculptures sacrées, qu'ils disent avoir été travaillées , à la main, sur la Montagne sainte , sans le secours des instrumens de l'art.

Ils croient pouvoir, à force d'aumônes , tirer les âmes du plus profond abîme des *enfers* , et les faire monter à la région des béatitudes , comme le professait Origène.

C'est ainsi qu'en agissent les *Wladika* du Montenegro , pour tous ceux qui y meurent à la suite de quelques vols ou assassinats. Bien au delà encore d'Origène, qui , du moins, attribue aussi à la miséricorde de Dieu, la rémission du péché et la rédemption des peines éternelles ; tandis que le Servien en donne tout le mérite aux aumônes et aux prières.

Ils n'admettent pas le péché de pensée, malgré ce qui est dit en divers endroits de l'Ecriture sainte. Ils pardonnent les enlèvemens, et consacrent le divorce.

Le clergé est simoniaque, en ce qu'il absout le voleur, quand celui-ci lui donne une part du vol : le confesseur prend sur soi la coulpe du péché et la satisfaction que le pénitent doit à la Divinité, moyennant une certaine remise pécuniaire.

Presque généralement parlant, les prêtres n'administrent le viatique qu'après en avoir fait le prix, soit en argent, soit en effets, denrées, etc.

Long-temps dépourvus de livres, et ne sachant que la langue esclavone, le clergé grec vécut dans la plus dégradante ignorance ; de-là résultait évidemment celle du peuple, et le défaut presque général de toute espèce d'éducation ; d'autant plus que trop long-temps lui-même il ne prenait aucun soin d'instruire les fidèles. Aussi, peu de Monténégrins, encore aujourd'hui, savent les prières les plus ordinaires ; trop rarement encore on y prêche la véritable morale dans les paroisses, où tout se passe en cérémonies bizarres, et en oraisons interminables.

Il est vrai que tout cela paraît être le fruit des agitations successives et des inquiétudes qui ont opéré tant de divisions, toutes également funestes, parce qu'aucune imposante masse de lumières n'existait pour balancer les intérêts particuliers et les volontés partielles.

Il n'est pas hors de propos de donner ici même une idée de la naissance et des progrès de cette église qui, tant de fois, a influé sur les destins de l'Europe, sans qu'on se soit avisé d'y songer sérieusement, si ce n'est parmi le monde savant, trop long-temps condamné au plus injuste et au plus humiliant silence. Voici ce qu'il y a de certain sur son origine.

Etienne, roi de Servie, ayant succédé à son

père, en 1333, sur le trône de toute la Dalmatie orientale, n'en devint que plus ambitieux et plus jaloux de la grandeur des empereurs grecs. Dès qu'il leur eut enlevé, par
la force des armes, la riche province de Bulgarie, et que la paix eut été conclue, le désir
extrême qu'il témoigna du titre d'empereur,
porta ses sujets à le proclamer unanimement
Imperator Romanorum et Serviarum.

Ayant alors monté sa cour à l'instar de
celle de Constantinople, il voulut encore
accorder de nouveaux priviléges à son clergé;
et pour ôter toute influence aux Grecs, il
changea le titre d'archevêque métropolitain en celui de patriarche, le déclarant
indépendant et souverain absolu des églises
de son empire.

Cette séparation, une langue et des livres
différens de ceux dont se servaient les Grecs
et les catholiques, l'ignorance du clergé,
celle de toute la nation, et les hérésies des
boghmili (dévots ou bigots), se disant
particulièrement agréables à Dieu, sont les
causes majeures qui donnèrent à l'église

grecque servienne le caractère d'une secte particulière, en consacrant la plus imprudente dissidence.

Il est bien douloureux que la religion chrétienne, si sublime dans sa morale, si humaine dans ses préceptes, ait été partout assortie aux intérêts de l'homme, subordonnée à ses caprices, ou à de coupables volontés; partout, en un mot, souillée par l'audace des passions privées! Il est bien outrageant qu'une doctrine aussi céleste soit défigurée par ceux-là même qui ont contracté l'obligation d'en perpétuer la pureté!

A travers cette diversité d'opinions; à travers les fausses interprétations communes à toutes les sectes; à travers encore cette incohérence de principes et tant de contradictions absurdes, il faut néanmoins convenir que le clergé grec présente un beau côté par lequel il peut fixer l'attention de l'observateur le plus sévère.

Aujourd'hui, plus réservé dans ses discours, plus modéré dans ses conférences, plus judicieux dans ses propositions, plus délicat dans ses insinuations dogmatiques, ce clergé s'est fait une règle de ne violenter personne.

En m'attachant aux points saillans de la croyance des Monténégrins, je dirai que leur dogme positif est la conviction de l'existence d'un Créateur, père commun de tous les hommes; ils reconnaissent que le monde est l'ouvrage de sa main toute puissante. La création de l'univers est, en effet, la solution d'un problème digne de la sagesse infinie de la Divinité, et dont la conscience est dans toutes les âmes.

Les Monténégrins reconnaissent aussi deux principes. Point très délicat par lui-même, sur lequel je me dispense de tout commentaire.

Dans ce pays, comme partout où l'adoration du grand Etre se partage en deux rites différens, rien ne se fait plus remarquer que l'animadversion et la répugnance extrêmes qui règnent parmi les sectateurs respectifs, surtout parmi les ministres des deux cultes. Cependant, usant avec persévérance

de l'influence que nous donnaient nos fonctions dans ces contrées, et de la considération personnelle dont plusieurs d'entre nous
jouissaient, pressés d'ailleurs par nos devoirs
et par les intérêts de notre propre situation,
nous essayâmes quelques rapprochemens et
des réunions; les unes concertées de loin,
d'autres amenées par l'effet fortuit des circonstances; nos intentions eurent toujours
les succès qu'on s'était proposé. Tant il est
vrai que l'autorité est un puissant moyen
de faire le bien! Cependant, il faut confesser que la conciliation nous coûtait plus à
obtenir auprès des uns que des autres. Dans
les conversations, dans les rapports, dans
les égards mêmes, on découvrait plus de roi-
deur et de *superbe* dans les *Latins,* plus de
naturel, plus d'abandon dans les *Grecs.*

Serait-ce parce que ces derniers, étant les
plus nombreux, se croient les plus forts, et
qu'il convient à la puissance d'être plus généreux? est-ce encore parce qu'ils sont moins
instruits, et que les vertus sont plus voisines
de la simplicité des premiers âges évangéli-

ques ? Je laisse ces questions délicates à résoudre aux moralistes.

Du moins est-il vrai que la controverse, dans toute l'acception du mot, est douce et tolérante chez les pères actuels de l'église grecque; nulle part où domine ce culte, rien n'y fait craindre à l'homme qui ne le professe pas, le sort des Calas et des Sirven. Nulle part le fanatisme homicide n'attriste la terre évangélique des Grecs.

Heureuse ma patrie, si cette farouche ennemie du genre humain, l'impitoyable intolérance, n'y eût pas si souvent et si long-temps allumé les torches d'une odieuse persécution !

On a souvent fait la remarque que les curés, surtout ceux des campagnes, sont, dans les diverses classes de prêtres, ceux qui se rapprochent le plus du vrai caractère évangélique. Dans les rapports qui existent entre eux et leurs paroissiens, ils se conduisent dans cet esprit en général ; et jusqu'à l'ignorance même, plusieurs s'honorent d'imiter les apôtres, qui étaient des hommes simples et modestes. *Ignorant comme un curé de village ,* disent quelques mauvais plaisans ; certes, cette application est souvent fausse ; elle est d'ailleurs aussi indécente que hasardée. Cette assertion n'est qu'un outrage gratuit ; combien de dignes pasteurs ont mérité le titre d'hommes éclairés !

Je ne crains ni les prêtres, ni le démon, ni l'enfer ; je n'ai aucun motif, aucun intérêt à flatter personne ; mais j'aime à le dire, au Montenegro, comme partout où j'ai vécu, j'ai toujours vu la majeure partie des curés être les véritables imitateurs du Christ, les dépositaires fidèles de sa doctrine, et les dignes organes de la primaire instruction. Voilà les prêtres véritablement utiles, peut-être les seuls à conserver. Si l'on fait attention aux obligations qu'ils remplissent, aux fonctions laborieuses qu'ils exercent ; si l'on apprécie leur empressement à secourir les fidèles, sans égard à l'intempérie des saisons, et la nuit comme le jour, leur résignation, leur désintéressement, leurs mœurs privées, le respect d'eux-mêmes, parce que plus rapprochés du peuple, ils se doivent en exemple, on reconnaîtra que c'est bien la classe la plus vénérable des ministres des autels. Sans doute il faut les limiter, mais il faut aussi les honorer et les soutenir. Ce système est précisément celui du gouvernement monténégrin, et la règle de conduite que j'ai trouvée établie au sein d'affreuses montagnes, au milieu d'un peuple que nous osons nommer *sauvage!*

Les disciples de Pythagore, interrogés sur les causes de différens effets qui faisaient la matière de leurs raisonnemens, et pressés sur la raison de leurs propres opinions, en désignant de l'index leur maître, répondaient : Il l'a dit. Eh bien! il suffit qu'un curé grec désire ou dise quelque chose, pour que le peuple fasse la même réponse.

Aussi, jamais un Grec ne passe auprès d'un prêtre de ce rite, qu'il ne lève sa barrette; il porte une de ses mains sur la poitrine, et prenant avec l'autre celle du prêtre, il la lui baise respectueusement. Quand un curé entre dans une maison, tous les habitans, quel que soit leur rang, en usent de même. Plus d'une fois j'ai mis à profit cet ascendant, pour maintenir dans l'obéissance le peuple de la province qui m'était confiée.

CHAPITRE XV.

Des Eglises, et usages qui tiennent à la Religion.

Cómme céux de l'église romaine, les temples, au Montenegro, sont construits de manière que le chœur est placé à l'orient, et l'autre à l'occident.

Leur architecture est partout très simple. Sur le portail s'élèvent trois cerceaux destinés à trois cloches de diverses grosseurs, et dont la sonnerie se fait par l'extérieur. Cette règle n'offre d'exception qu'à l'égard des églises de quelques couvens les plus importans.

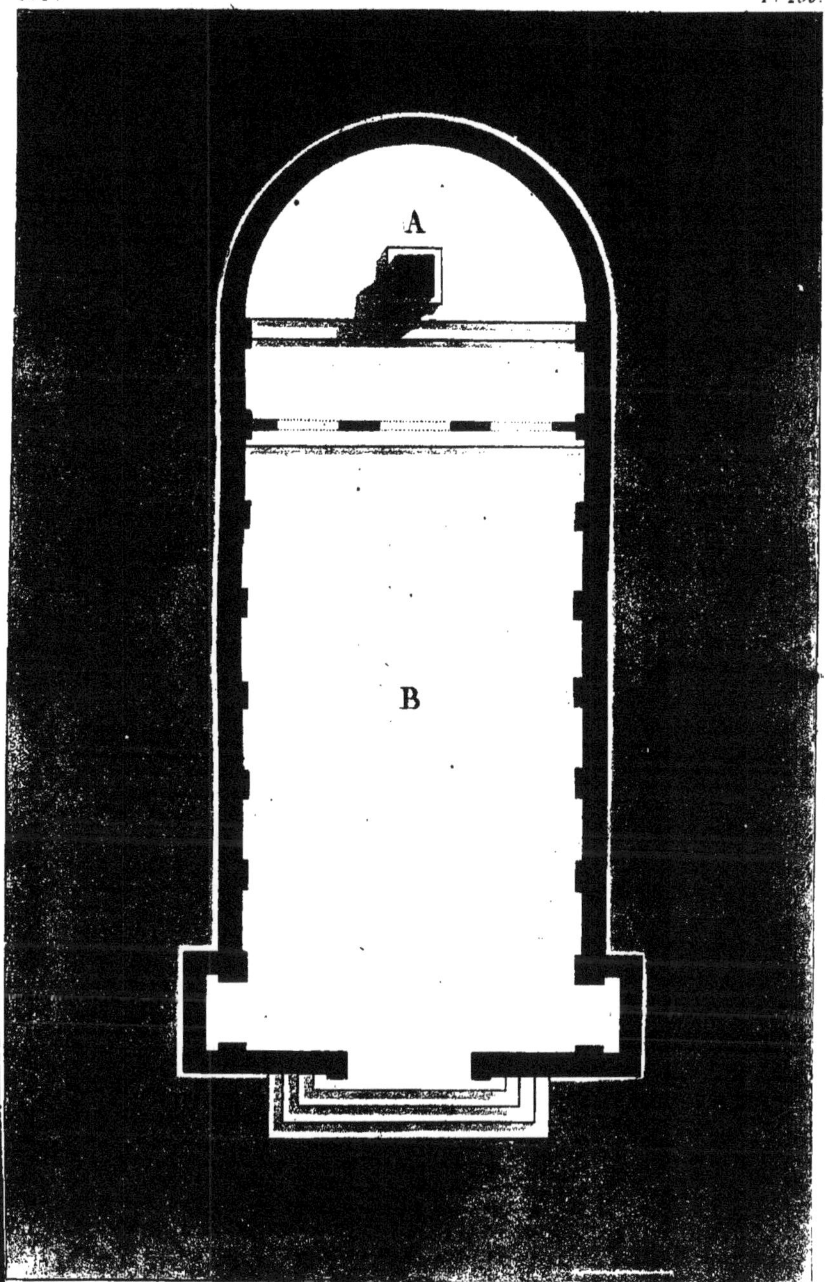

A Autel – B Plan de l'Eglise.

Intérieur de l'Église[1].

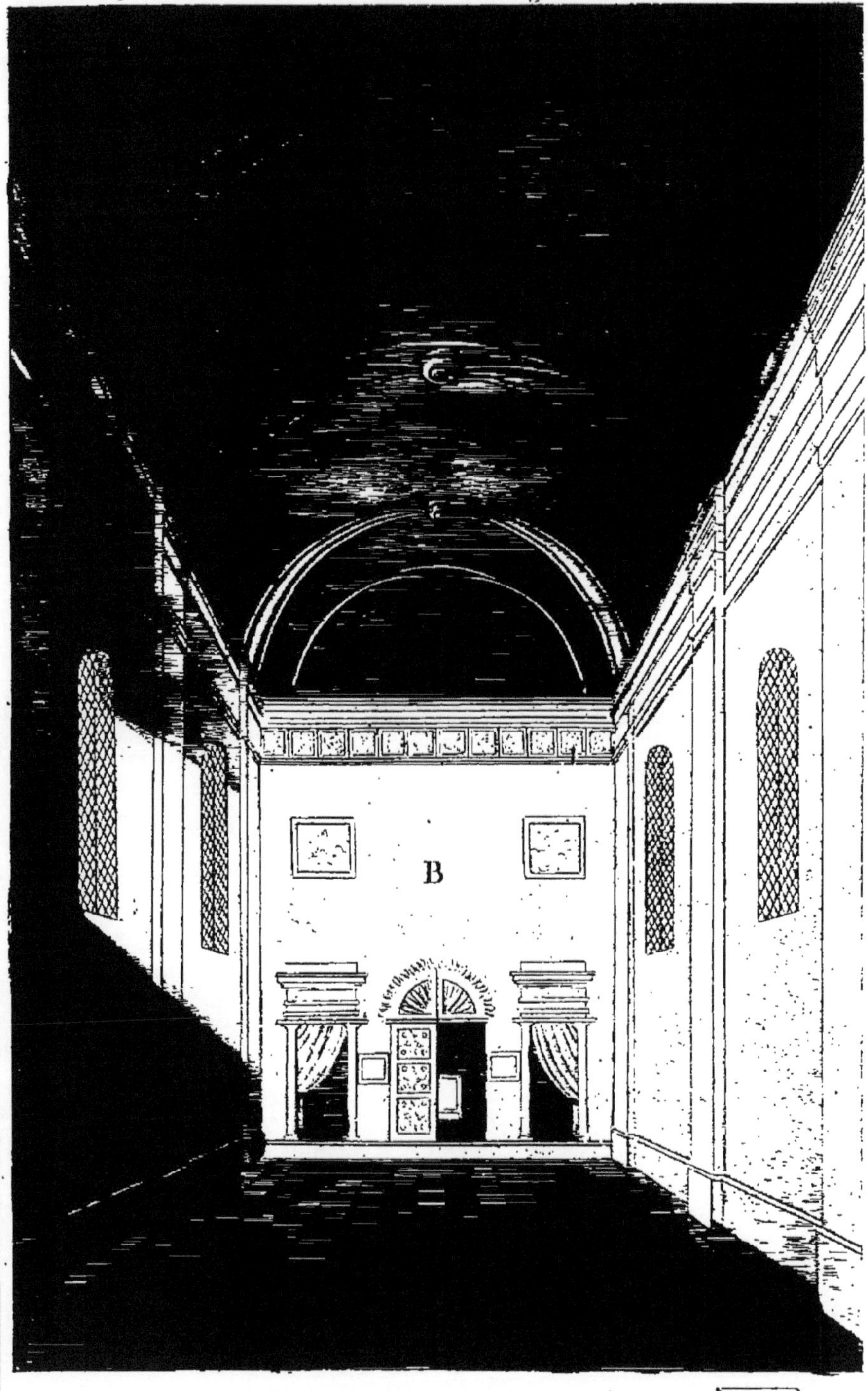

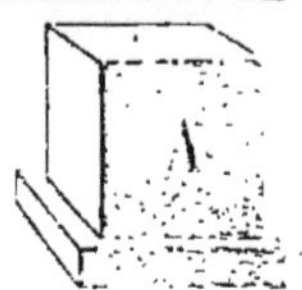

A Autel - Il est soustrait à la vue des croyans par la boiserie.

B Boiserie qui sépare le cœur de la nef.

L'intérieur est uni et blanchi soigneusement. On ne voit aucun tableau sur les
murs. Il n'y a, non plus, ni bancs ni chaises,
si ce n'est pour les curés et les acolytes, qui
ne s'en servent presque jamais.

Les choristes sont des paroissiens sans
gages.

L'autel n'est autre chose qu'une grande
pierre cubique, d'environ trois pieds ; mais
on ne la voit point, ou du moins très
difficilement, parce que le sanctuaire est
soustrait aux yeux des croyans. Une boiserie
grossièrement peinte, qui s'élève jusqu'aux
arcs-doubleaux de la voûte, le cache. Cette
cloison a ordinairement trois portes, dont
celle du milieu est beaucoup plus grande que
les latérales ; elle se ferme à deux battans,
tandis que les autres sont seulement garnies
de rideaux. Sur deux piliers sont posés, sous
châssis couverts de verre, les dons faits à l'é-
glise ou à la Vierge, par suite de vœux ; dans
plusieurs, on en remarque de très beaux,
provenant de la munificence des empereurs

de Russie et d'Autriche. La république
Venise elle-même a souvent rivalisé avec eux.

Les ablutions et les consécrations se font
dans le plus grand mystère ; tous les acolytes,
ceux même qui participent déjà à quelques
ordres, mais qui ne les réunissent pas tous,
sortent du sanctuaire ; et les portes et les rideaux sont alors soigneusement fermés. Ce
mode imprime un sentiment très religieux ;
il est bien difficile de n'y pas céder, toutes
les fois que l'on assiste au sacrifice.

A la première élévation, on tire un rideau,
et le prêtre officiant se montre tenant le calice
sur la tête avec la main droite ; à la deuxième,
les deux battans de la porte s'ouvrent subitement, et c'est alors qu'il faut voir le profond recueillement, la représentation imposante de l'holocauste, et tout le peuple anéanti
devant l'image de la suprême majesté.

La communion ne se pratique pas à notre
manière. On n'y admet pas l'hostie ; on fait
usage d'un pain sans levain, cuit sous la cendre d'un feu allumé aux rayons du soleil,

Facade de l'Eglise.

réunis au foyer d'un grand verre lenticulaire, ou d'un globe de cristal plein d'eau ; ce qui se pratique, avec de grandes cérémonies, trois ou quatre fois dans l'année, aux fêtes principales.

Ce pain est mêlé au vin, dans le calice, avec un cérémonial très long, et on l'administre aux fidèles avec une cuiller d'argent. Il n'y a ni ciboire, ni soleil, ou ostensoir.

Les jours fastes ou néfastes sont fréquens dans l'église grecque, plus que dans aucune autre de l'Europe, et particulièrement ceux consacrés à la vierge Marie, à qui tous ceux du rite grec ont une extrême dévotion. Aussi, chaque propriétaire établit au lieu le plus apparent de la principale salle de sa maison, une image de la mère du Christ, peinte sur planche ; une lampe ordinairement d'argent sert à l'éclairer tous les dimanches et les fêtes ; on a soin de l'allumer même dès la veille : cela fait partie des détails du ménage et des habitudes domestiques.

Un serment prononcé devant cette image si révérée, est rarement trahi. C'est le plus fréquemment celui des femmes dans leurs protestations d'amour, et c'est aussi celui qu'elles exigent d'une manière absolue. Elles permettent, disent-elles, de les immoler, si elles deviennent infidèles; mais aussi, protestent-elles de poignarder si on le devient, et elles en prennent la Vierge à témoin.

Le nombre extraordinaire des fêtes joint à la *sacra* particulière à chaque famille, et celle des patrons individuels, enlève un quart de l'année aux travaux, et finira par nuire essentiellement aux mœurs publiques, par le mauvais emploi du reste de la journée que ne remplissent pas les offices divins.

La religion commande sans doute, et la saine politique elle-même veut que le peuple réuni offre des louanges au Seigneur; mais à l'hommage du septième jour est-il bien nécessaire d'en associer tant d'autres; et n'at-on pas la preuve que tant de jours de fêtes sont des jours de désordres?

Ce qui me choque singulièrement, dans les jours de fêtes, c'est le tir continuel des armes à feu, leurs nombreuses décharges de fusil,

et le bruit assourdissant des cloches. J'ai cependant remarqué qu'en général, ces impi-
toyables tirailleurs se tiennent, pourtant,
à une distance respectueuse du temple, afin
de ne pas troubler le service divin.

Les jeunes filles ne paraissent à l'église que
deux fois l'année, aux époques de Pâques et
de Noël. Les femmes y sont séparées des hommes dans une tribune grillée, placée au-dessus de la porte principale, à l'endroit où, dans
nos églises, sont placées les orgues.

Hommes, femmes, enfans, tous sont debout
depuis le commencement jusqu'à la fin des cérémonies, dans la plus sévère décence et presque immobiles ; c'est un précepte religieux.

Les Grecs sont très scrupuleux à cet égard;
aussi, jamais on ne surprend deux personnes
à converser dans l'église. S'il est vrai qu'on
l'ait vu, c'est infailliblement lorsque deux
Français s'y trouvaient voisins, ou que l'un
d'eux interrogeait un Grec, qui ne répondait que par déférence, toujours de manière
à ne pas encourager à la conversation. Du
reste, aucun signe, aucun rire, aucun re-

gard inconvenant ne se découvrent sur aucun point.

Dans les églises, on ne voit ni orgues, ni aucun des ornemens somptueux qui peuvent distraire la piété; et quoique, dans plusieurs cérémonies, ils fassent avec profusion usage d'eau bénite, il n'y a dans aucune église de bénitier fixe, ni de mendians à aspersoir.

Nul ne s'avise de cracher par terre; ce serait commettre une souillure sacrilége, qui ferait chasser ignominieusement le coupable.

Les chiens ne pénètrent point dans les églises; si quelques uns échappent à la surveillance, ils sont chassés, cruellement maltraités, tués même, s'ils se laissent atteindre.

Mais que dirai-je du mode grec pour le chant des hymnes? Combien il est bizarre, pour ne pas dire risible! Le reproche que nous faisions, avant la révolution, à un certain ordre nasillard (les capucins) de psalmodier du nez, serait bien autrement fondé

encore, à l'égard des chantres grecs ; c'est
un bourdonnement, une discordance insup-
portables ; joignez à cela un abandon total
dans les mouvemens du corps, une décon-
tenance, un *dandinement* que rien ne peut
justifier, pas même la ridicule superstition
d'un juif ou d'un derviche.

Un usage bien solennel dans l'église grecque, et aussi respecté qu'il est respectable,
c'est la bénédiction des maisons deux fois
l'année, au commencement du printemps
et de l'hiver ; ce qui ramène aux fêtes de
Pâques et de Noël. C'est une grande époque
dans le Montenegro, où l'on croit que la
prospérité ou la décadence de la maison dé-
pendent du degré de ferveur qu'on apporte
dans l'acte de la bénédiction.

Les prêtres d'une même paroisse ou d'un
même couvent, réunis et revêtus des ornemens du sacerdoce, suivis d'un thurifé-
raire, d'un sacristain portant le vase lustral,
et de quelques enfans de chœur, se rendent
dans les habitations, récitant des prières ; ils
font une aspersion dans toutes les chambres,

depuis la cave jusqu'au grenier. On a toujours soin, pour clore heureusement la cérémonie, de jeter quelques pièces de métal dans le vase.

J'ai remarqué avec étonnement et plaisir, que, malgré l'éloignement qui règne entre les deux rites, les prêtres de l'un et de l'autre vont indistinctement dans chaque maison des deux églises, qu'ils y sont reçus avec vénération et qu'on y reçoit leur bénédiction avec la même ferveur.

Les Monténégrins, ainsi que les autres Grecs, ont un très grand respect pour les morts. Toutes les fois qu'il se fait quelques fosses destinées à la sépulture, et que l'on rencontre des ossemens, on les recueille avec un soin religieux ; on les porte dans un dépôt creusé en terre, revêtu de maçonnerie, couvert d'une voûte à plate-forme, au milieu de laquelle est l'ouverture d'introduction. Ces sortes d'hécatombes sont partout de la même forme.

Elles sont placées à peu de distance des temples, et l'on n'en approche qu'avec une

religieuse terreur. Aussi, beaucoup de gens
ayant des affaires sur un point dont la direction les porterait naturellement à passer
auprès de ces monumens, font un détour
de quelques cents pas, pour en éviter l'approche.

Nulle part dans le Montenegro on n'en-
terre dans les églises ; et cela depuis un temps
immémorial, tandis qu'aujourd'hui dans le
reste de l'Europe on a peine à renoncer à
un usage que la raison n'eût dû jamais admettre.

Dans l'église grecque encore, comme partout, et plus particulièrement chez les orientaux, le plus grand luxe des temples est
dans le luminaire ; mais au Montenegro,
surtout, on y attache une importance majeure. On croit y honorer la Divinité en
raison du plus ou moins grand nombre
des cierges. Cet usage vient de plus loin.

On sait que chez les Hébreux, le feu avait
une origine divine ; le respect religieux
qu'ils conservaient pour cet élément, s'est
perpétué chez les juifs modernes, qui l'en-

ennent avec soin dans leurs synago-
gues ; il paraît aussi vraisemblable que les
premiers disciples ont emprunté d'eux et
nous ont transmis avec l'Evangile, l'usage
que nous avons consacré, d'allumer dans
nos temples, en plein jour, une multitude
de flambeaux, qui nous rappellent que c'est
le véritable Dieu de la lumière que nous y
adorons.

Les Egyptiens, les Babyloniens, les Phé-
niciens surtout, regardaient le feu et l'eau
comme les principes des choses ; de là s'est
introduit l'usage de l'un et de l'autre dans
les cérémonies nuptiales et le baptême,
comme emblêmes de la génération ; tandis
que dans les cérémonies funèbres elles marquent l'incorruptibilité de l'âme et son im-
mortalité.

En suivant la marche du progrès de l'esprit humain, on voit par quelle succession
les institutions sacrées se sont propagées
dans l'univers et sont arrivées jusqu'à nous :
comment de l'Afrique elles se communi-
quèrent à l'Asie par les Egyptiens ; comment

les Perses les transmirent aux Mèdes dont les Grecs les reçurent, et de qui plus tard, enfin, l'Europe les adopta.

A Delphes et à Athènes expirantes, on conservait encore, avec un saint respect, le feu qui avait servi aux sacrifices; des prêtres y veillaient avec sollicitude, et ils auraient été punis de mort, comme les vestales à Rome, s'ils l'eussent laissé éteindre.

A cet usage se lie celui des bassins présentés à la piété des fidèles, et que les prêtres de tout culte n'ont garde de laisser tomber en désuétude; aussi, au Montenegro, comme partout ailleurs, les bassins roulent-ils imperturbablement, pendant toute la durée des offices; et comme on le pense bien, il faut finir par *mettre au bassin.*

Pourquoi voit-on toujours l'argent lié aux choses saintes? Pourquoi, dans tous les actes de la religion, voit-on de sordides spéculations en souiller les motifs sacrés? Pourquoi ne pouvons-nous ni naître, ni propager, ni vivre, ni mourir sans être forcés d'ouvrir nos bourses?

Dans le sein des villes fastueusement civilisées, ces usages anti-chrétiens peuvent
ne pas étonner, puisque l'abus de toute morale s'y réduit en système; mais au milieu
d'inaccessibles montagnes, parmi des peuplades simples comme la nature, dans le
centre du Montenegro, enfin, comment ces
abus se sont-ils enracinés?

Les quêtes y sont aussi très multipliées;
à peine un moine mendiant *est-il* sorti de
la maison, un autre déjà s'est emparé du
seuil, et le Monténégrin n'a pas le temps
d'en perdre le souvenir.

Les disciples de celui qui donna l'exemple
constant de la pauvreté, ne devraient pas
ressembler à de vils publicains. Il faut qu'ils
vivent sans doute, mais c'est à l'Etat à les
pourvoir d'une manière assortie à la dignité
du sacerdoce.

Les curés seuls, au Montenegro, sont mariés. On leur assigne une portion de terre
qu'ils doivent cultiver en personne, aidés
de leur famille; ils sont l'exemple de la foi
conjugale; ils peuvent manger indistincte-

ment toutes sortes de viandes; mais ils sont soumis aux jeûnes fréquens , imposés par la règle commune aux prêtres réguliers.

Le mariage des curés ne s'étend pas aux moines. Ces derniers doivent rester célibataires et continens. Ils ne mangent aucune sorte de viande ; quelques uns , pour raison de santé délabrée , obtiennent des dispenses, mais toujours bien limitées.

Les Monténégrins ont plusieurs carêmes; mais deux très longs sont observés rigoureusement. Ils ne consistent pas seulement dans la privation des viandes, mais aussi dans celle de divers autres objets de subsistances , et dans des jeûnes véritablement cruels, et communs aux deux sexes.

La religion leur défend l'usage des grenouilles, comme animaux immondes, et sur lesquels on raconte une foule d'extravagances qui feraient penser que cette aversion remonte aux époques de la colère de Latone. Les Monténégrins en ont une horreur encore plus marquée que le reste des Grecs, et ils regardent avec beaucoup de mépris tous ceux qui en mangent, à quelque culte qu'ils appartiennent.

Le besoin de leur défense personnelle contre le vagabondage des Turcs, oblige plusieurs prêtres limitrophes, dont les habitations sont un peu éloignées des chapelles qu'il desservent, à marcher constamment armés comme le reste des habitans, et ils sont vêtus de même, hors de leurs fonctions. De-là, quelques observateurs ont prétendu que c'était un usage absolu chez les prêtres de ce pays; c'est une erreur qui s'est propagée par l'événement d'un ministre qui, de l'autel même, tua l'un de ses paroissiens d'un coup de fusil. De-là on a voulu arguer que les prêtres monténégrins entrent à l'église avec leurs armes, qu'ils les conservent à l'autel, et qu'ils officient ainsi.

Il est trop vrai qu'un misérable, décoré des ornemens du culte, dérogeant à la doctrine de l'église, s'est porté jadis à ce crime; mais des détails recueillis à la source confirment que les prêtres monténégrins ne ressemblent en rien à ce prêtre, que toutes les

opinions et toutes les voix présentent comme
un monstre, un être abject, et perdu par
une vie crapuleuse.

Un autre pope nommé *Lazo*, dépouillant
entièrement le caractère vénérable dont il
était revêtu, a aussi été, pendant long-temps,
l'artisan de mille dissensions parmi les siens,
et a provoqué entre eux et nous, mille fermens de discorde.

Mais du crime de quelques uns, faut-il
induire des conséquences injurieuses à tous?
Non sans doute. J'en rapporterai pour preuve
la péroraison ci-dessous du discours d'un
vénérable prêtre du Montenegro, le pope
Marko Martinowich, adressé à ses paroissiens, dans un moment de grande agitation
civile. La traduction en est littérale; elle
fera connaître le génie de son auteur, et le
genre de ses prédications.

« Éternel, être des êtres, créateur de tout
» ce qui est, toi par qui nous respirons, qui
» donnes à nos âmes ces douces et délectables
» sensations que l'on éprouve en te rendant
» hommage, éteins le plus léger ressenti-

» ment dans ceux que tu formas pour être
» les témoins de ta perfection et les objets de
» ta miséricorde infinie; fais que tous se par-
» donnent et se chérissent mutuellement.
» Commande cette heureuse union qui seule
» fait le charme de la vie; imprime à tous
» le respect des engagemens sociaux ; dis
» qu'il t'est agréable ainsi; que ta voix uni-
» verselle se fasse entendre des portes de
» l'orient sur tes peuples attentifs, jusqu'au
» point où se cache la lumière de ton soleil.
» Alors, fidèles à tes ordres célestes, alors,
» devenus semblables aux peuples fortunés
» de l'antique Grèce dont nous sommes les
» descendans, nous serons dignes de tes di-
» vins regards. »

CHAPITRE XVI.

Du Mariage chez les Monténégrins. — Présens réciproques. — Cérémonies. — Repas.

Chez tous les peuples du monde connu, aux trois plus grandes époques de la vie de l'homme, à sa naissance, à sa réproduction, à sa mort enfin, sont attachées des cérémonies caractérisques, qui, quoique souvent en apparence bizarres, n'en sont pas moins imposantes et sublimes. Toutes ont leur motif bien senti, bien nécessaire, soit qu'elles aient pris leur source dans le seul sentiment de la nature, soit dans les dogmes, dans les localités, ou même dans les révolutions des empires. Elles deviennent, avec le temps, des institutions publiques et sacrées. Malheur, si d'imprudens novateurs parviennent à les altérer! Malheur aux peuples qui les souffrent! En un jour tout leur état moral est détruit; en un jour le pouvoir magique qui lie les hommes est anéanti, et la société atteinte jusqu'en son principe, touche à sa dissolution.

Les cérémonies pratiquées au Montenegro, dans ces circonstances, sont à peu près les mêmes que celles des Grecs Serviens, de la Dalmatie et des bouches du Cattaro.

Lorsqu'une fille est recherchée en mariage par un jeune homme qui habite un village éloigné d'elle, ce sont ordinairement les vieillards qui traitent, entre eux, de ces sortes de contrats, sans que les fiancés se soient jamais vus; ce qui arrive très souvent dans ce pays, où les habitations sont si isolées les unes des autres.

Le père du garçon, ou quelqu'un des plus proches parens, accompagné de deux autres personnes, se rend dans la maison avec laquelle il veut former alliance. On lui présente toutes les filles : il choisit lui-même celle qui lui plait le plus, sans s'embarrasser si ce choix plaira à celui qui doit contracter des liens d'une aussi grande importance; rarement il éprouve un refus ; car, dans ce pays, on ne fait nulle attention à l'état, ni à la situation, ni à la fortune de l'époux : aussi arrive-t-il souvent qu'un riche Monténégrin accorde sa fille à son fermier, même à son serviteur.

Celui qui vient faire la demande de la fille, après l'avoir obtenue, va prendre le futur et le conduit chez elle; dès qu'ils se sont vus et qu'ils ont témoigné le moindre désir réciproque de s'unir, le mariage est déjà conclu. Il n'est pas nécessaire chez eux de dresser de contrat; aussi n'y connaît-on pas de tabellions. Leur parole suffit , d'autant plus qu'une femme ne porte jamais en dot qu'un simple trousseau.

Le prêtre se présente chez la fiancée, aussitôt que les parens ont donné leur consentement à cette union. Il s'enferme avec elle , dans l'endroit le plus retiré de la maison. Il y reçoit sa confession générale, et lui accorde la rémission de tous ses péchés, moyennant dix *paras* (deux sous) que les parens sont tenus de lui donner aussitôt qu'il sort de la chambre, et qu'il les a assurés qu'elle est susceptible de l'absolution. Le jour suivant, le prêtre publie à l'église le mariage convenu, avec les mêmes formalités, à peu près, qui se pratiquent dans l'église de Rome.

Pendant cette publication, les parens de la fiancée présentent à ceux de l'époux, des épis de blé, un pot de lait et un gâteau de maïs, sur lequel on a figuré, aussi bien qu'on l'a pu, une quenouille, des aiguilles à tricoter, et divers autres instrumens propres aux ouvrages des femmes; suite d'un ancien usage des Grecs, chez lesquels les parens de l'époux envoyaient à la fiancée, avec la quenouille et le fuseau, les clefs de la maison de son époux. Cependant ici, tout est aussi bien motivé; car dans le sens de cette démarche, les épis marquent à l'époux l'abondance que la femme, par ses soins constans, entretiendra dans le ménage; le lait exprime la douceur de caractère, et la candeur qu'elle conservera dans ses actions. Le gâteau désigne l'industrie qui la rendra propre à être à la tête de la maison. Emblêmes éloquens qui valent bien des phrases banales.

En retour, les parens du jeune homme envoient à ceux de la future un gâteau de farine de pur froment, des grappes de raisin, ou, si la saison s'y oppose, quelques pots du meilleur vin et des instrumens aratoires qui sont conservés de père en fils, et par conséquent très usés, ou plutôt hors d'usage, pour signifier que le jeune homme sera infatigable dans le travail, et qu'il suivra l'exemple de ses aïeux, dont il honorera la mémoire, en usant bien des instrumens qui, entre leurs mains, ont procuré à tous une vie aisée et heureuse.

Lorsque le temps de Noël est arrivé, l'un et l'autre époux invitent les parens et amis, chacun de leur côté, à se réunir chez la fiancée, qui, suivie d'un nombreux cortége, se rend à la maison de l'époux, où elle est fêtée de tous, avec d'incroyables démonstrations. Sa mère la suit immédiatement, portant un grand voile ou mouchoir blanc, avec lequel

elle couvre le visage et le sein de la fiancée,
pour lui rappeler que la modestie, la candeur
et une aveugle obéissance aux volontés de
son mari, doivent toujours régler sa conduite
et garantir ses mœurs de toute atteinte.

Après avoir reçu la bénédiction paternelle, la fille, ainsi voilée, et placée entre son
beau-père et le plus proche parent de son
époux, qui sont les parrains du mariage, se
prépare à se rendre à l'église. C'est au moment où tous les membres des deux familles,
et les amis, sont réunis devant la maison,
que commencent les décharges de mousqueterie, qui ne discontinuent plus pendant trois
jours encore, après celui de la bénédiction
nuptiale.

La mariée ouvre la marche, et suivie de l'é-
poux et de tout le cortége qu'on nomme *swati*,
se rend à l'église, où le prêtre les arrêtant à la
porte, leur fait d'abord une aspersion, et commence une série de questions fort bizarres ;
et après plusieurs prières assez longues pour
donner aux conjoints le temps de la réflexion,
il leur donne la bénédiction nuptiale, que

suit une cérémonie plus longue encore, accompagnée de tant de signes de croix, et de
mouvemens si multipliés, que les détails et
les nuances en échappent au plus intrépide
observateur. Nous dirons seulement, en passant, que nous avons vu faire vingt-deux signes de croix en deux minutes. Il est à remarquer qu'ils les font dans le sens inverse
des nôtres; et qu'au lieu d'avoir la main entièrement ouverte, ils n'y emploient que
trois doigts, en s'inclinant chaque fois presque jusqu'à terre.

Le même *swati*, auquel se joint le prêtre,
reconduit la nouvelle mariée au bruit de la
mousqueterie, et aux acclamations de tous
ceux qui se trouvent sur le passage, d'abord
à la maison de son père, ensuite à celle de
son époux, où se trouve préparé un abon-
dant repas. Elle mange séparément sur une
petite table avec les deux parrains. Toute
l'après-dînée est consacrée aux danses et aux
chants en l'honneur des époux.

Le prêtre, dans ces sortes de repas, est, de
droit, le maître des cérémonies; il proclame

les santés qu'on porte aux nouveaux mariés;
il improvise les épitalames; il se rend le cory-
phée des chants nuptiaux que d'autres pro-
posent après lui; tout s'anime bientôt, et
l'on entend dès lors un bruit qui ressemble
assez à du tumulte. Cependant tout se passe
avec ordre. Ce qui paraît surprenant et qui
prouve l'union de ce peuple, c'est que ces
grandes assemblées, ces scènes bruyantes,
ne se terminent jamais en orgies, ni querelles.

Pendant ces fêtes, qui durent plusieurs
jours, les époux, accompagnés de leur cortége, se promènent régulièrement dans
toutes les rues et chemins qui conduisent
aux hameaux dépendans du village ou du
bourg principal. Cet usage n'est pas le fruit
de l'ostentation, mais bien un acte de no-
toriété qui constate l'authenticité du contrat.

Pendant ce temps, l'époux ne peut approcher de sa femme que furtivement. Ce n'est
pas tout; on exige qu'il dorme séparément;
et l'épouse est soigneusement gardée dans sa

chambre, par deux parrains qui s'amusent de ses impatiences...

Chez ce peuple, ce serait une honte pour une femme d'appeler en public son mari par son nom, la première année de son mariage. Elle en charge une autre personne, mais toujours sans le nommer, se servant de l'expression *zoë onega*, *appelle celui-là*; elle s'en fait un scrupule, alors même qu'elle est seule avec lui.

De même les maris en parlant de leurs femmes à quelques personnages de marque, emploient toujours l'expression : *prostite moïa scena*, comme voulant dire, *excusez*, *ou avec votre permission*, *ma femme*, etc.

On remarquera encore, au sujet des mariages, qu'il arrive quelquefois que le père, ou la fille elle-même, refuse le jeune homme qui se propose pour époux; alors, et presque toujours, celui-ci se joint à quelques uns de ses amis; ils vont à la maison de la fille, d'où ils l'enlèvent bon gré malgré, et la conduisent devant le prêtre, qui, moyennant quelque rétribution, les unit, nonobstant toute réclamation. Il y en a eu beaucoup d'exemples.

Si, au contraire, des fiançailles ont eu lieu, ou que déjà l'anneau nuptial ait été donné en présent préliminaire, comme cela se pratique ordinairement, et que, par quelque motif que ce soit, le mariage ne se consomme pas, les prétendus ne peuvent plus former d'autres liens, aussi long-temps que l'anneau n'est pas rendu. Si la prétendue trouve un nouvel aspirant, il faut qu'elle restitue l'anneau ; mais il reste à savoir si le prédécesseur veut le reprendre ; s'il le refuse, la fiancée est réduite à rester *in statu quo*. Si, de son côté, le fiancé veut épouser une autre femme, il fait réclamer son anneau ; si on le refuse, le mariage est suspendu ; aucun prêtre, dans ce cas, ne voudrait prêter son ministère, si l'anneau n'était présenté, et si l'identité n'en était bien constatée ; tandis qu'on les voit bénir les enlèvemens sans scrupule.

Il arrive souvent, comme on le pense bien, que le dépit dicte les refus de part et d'autre.

Il en résulte des scènes auxquelles prend parti toute la famille, et où plus d'une fois le sang coule. C'est là un grand sujet de divisions, de haines et de crimes.

CHAPITRE XVII.

De l'adoption.

Goar, dans son eucologie des Grecs, donne sur l'adoption, des détails très intéressans, et honorablement cités par le savant Grégoire, dans son traité sur l'amélioration de la liturgie.

Selon Goar, l'adoption, parmi les Grecs, a une formule religieuse accompagnée de belles oraisons ; il ajoute qu'entre autres cérémonies, l'enfant se jette à genoux devant le père adoptif, qui, au même instant, prononce ces mots du psalmiste : *Vous êtes mon fils ; aujourd'hui je vous ai engendré.* (P. 106 et 107.) Le même auteur a soin d'observer en note que l'église orientale a eu raison d'admettre ce rite, attendu que les lois impériales autorisaient l'adoption.

Quoique dès l'an cinq cent quatre-vingt-cinq, le Montenegro fît partie de l'orient dans la division de l'empire, et que le gouvernement, loin d'influer sur les mœurs et coutumes des peuples conquis, prît, au contraire, le plus grand soin de leur assortir avec sagesse celles de l'empire, il n'existe néanmoins aucune trace qui ait offert à nos recherches les moindres documens susceptibles de nous faire même présumer de tels usages chez les Monténégrins.

Toutefois, l'adoption n'y est pas étrangère : mais on peut garantir qu'aucune cérémonie religieuse n'accompagne un acte qui, pour être méritoire, n'a pas besoin d'être légalisé devant les autels. Sans autre réflexion que celles que fait naître un beau mouvement de l'âme, le Monténégrin adopte un enfant, parce qu'il est sans appui, sans parens, ou que l'état de ceux-ci ne leur permet pas de les entretenir convenablement.

S'il y a plusieurs enfans dans la même maison , on se les partage ; il suffit d'avertir le knès ou le curé. Cette formalité , bien simple, une fois remplie, on se dispute l'honneur de l'adoption ; c'est à qui possédera l'un des enfans.

Le père adoptif, accompagné de plusieurs personnes , conduit dans sa maison l'enfant, à qui, sur le seuil de la porte , il dit : « *Je t'adopte , car mon cœur t'a nommé mon fils. Cette maison est la tienne , car tout ce qui est mien est tien ; que rien ne nous sépare que la mort.* » Il lui pose sur la tête la main en signe de protection , lui donne un baiser sur le front. L'enfant s'incline profondément , baise la main de son père adoptif ; et , portant la sienne sur son cœur, fait, dans le silence , un mouvement qui exprime sa reconnaissance et son attachement. Aussitôt le père adoptif distribue à chaque assistant , ainsi qu'à l'enfant , une monnaie sur laquelle on a fait une marque semblable à celle qu'il garde lui-même comme un acte d'authenticité. Ces monnaies , à la mort des assistans, se déposent à la maison d'adoption, et à la mort de l'adopté , on les réunit dans son cercueil.

S'il n'y a pas de fortunes colossales au Montenegro, il n'y a point de pauvres. La mendicité , cette tache accusatrice , cette lêpre des états , qui dépose , à tous les yeux, contre l'impéritie administrative, n'existe point dans ce pays ; on n'y connaît de mendians que les moines consacrés à cet état par leurs vœux.

CHAPITRE XVIII.

Des alliances intimes, ou fraternité d'armes.

Sɪ les inimitiés, parmi les Monténégrins, sont longues et cruelles, leur amitié est inviolable ; ils s'aiment en effet, avec force et constance, et forment souvent des *alliances intimes*, ainsi qu'ils les nomment.

Ces alliances se font avec de certaines cérémonies qui prennent le caractère de l'authenticité. Elles n'ont rien au reste de mystérieux, ni même rien de bien commun avec la fraternité d'armes de nos anciens guerriers.

Deux amis se présentent devant l'église, accompagnés seulement de leurs plus affidés respectifs ; ils posent sur le seuil de la porte principale leurs fusils en croix, font une invocation commune, pour prendre le ciel à témoin de leurs dispositions intérieures. Un prêtre bénit les armes ; ils les relèvent aussitôt, les tenant ainsi croisées devant eux ; ils y portent la main droite, tandis que la gauche les rapproche du cœur ; et dans cette attitude, ils se donnent le baiser d'alliance. Viennent ensuite les pistolets, le ganzard et le fourniment ; et à chaque acte partiel, ils prêtent le serment de vivre et de mourir l'un pour l'autre. Ils font aussitôt l'échange réciproque de leurs armes ; à la mort de l'un d'eux, les armes appartiennent au survivant.

Un grand repas couronne la cérémonie ; et l'on y boit du vin et non du sang, comme chez les anciens chevaliers de Lancelot du lac.

Ces sortes *d'alliances intimes* que Goar, dans son eucologie des Grecs, appelle *unions*, n'ont pas lieu ici, comme on voit, à sa manière. Il semblerait, selon lui, qu'il devient obligatoire de bénir les amis dans le sein même de l'église, ou devant le peuple assemblé à cet effet ; ici ce sont les armes seulement ; et le choix des assistans est libre. Le nombre

des intimes n'est pas non plus déterminé ;
deux, trois ou plusieurs peuvent contracter
une même alliance. Rarement un tel acte
est violé ; il résiste à toutes les épreuves. Les
offenses faites à l'un des alliés sont communes
à tous. Au moindre signal d'une attaque
contre l'un d'eux, tous les intimes sont en
armes. Ils vivent réellement les uns pour les
autres ; mais, en général, les Monténégrins
font cause commune.

CHAPITRE XIX.

Du Divorce.

La rupture du contrat le plus solennel de la vie civile, la dissolution des liens les plus sacrés, et des plus respectables rapports de familles, intéressent évidemment toute la société.

Il semblerait du moins que si, dans un tel acte, on pouvait reconnaître quelques principes de légitimité, ce ne pourrait être que dans le consentement librement énoncé des deux conjoints, et provoqué par de puissans motifs, tels que quelques imperfections dans les organes générateurs, des maux dont la répugnance interdit la cohabitation, des vices, ou enfin une antipathie irrésistible.

Eh bien, il n'en est pas de même au Montenegro. Quelquefois des inimitiés entre les plus éloignés parens des époux occasionnent et déterminent de cruelles séparations.

La femme n'a jamais le droit de demander le divorce. L'époux achète celui de le faire prononcer par le curé qui, dans ce cas, réunit les parens du mari et de la femme, et qui, après avoir prononcé un long discours sur les griefs que le mari prétend élever contre son épouse, juge lui-même, sans le concours d'aucun autre tribunal, de la nécessité et de la justice du divorce.

Toute la *cérémonie* de la dissolution d'un mariage de plusieurs années, consiste alors à présenter un bocal de vin aux parens de la femme, qui doivent boire chacun à leur tour; ensuite on le donne à l'époux, qui refuse de le porter aux lèvres, et qui, par-là, marque qu'il persévère dans ses intentions.

Le prêtre boit le reste, et prenant aussitôt le tablier de la femme, qui ordinairement fond en larmes, il en donne un des pans à tenir au père ou à son plus proche parent, et l'autre au père du mari; il le sépare en deux avec une espèce de serpe, uniquement destinée à cet usage, et prononce, à

1.   18

haute voix , la dissolution par ces mots : *Le ciel vous a désunis.*

CHAPITRE XX.

Des Morts. — Funérailles.

L'IDÉE de la cessation de l'existence ne produit pas chez les Monténégrins les mêmes sensations, les mêmes effets, que chez beaucoup d'autres peuples. La perte de la vie est ce qui les occupe le moins pour eux-mêmes ; ils sont trop braves, leur mode d'user de leur être , leur audace , leurs entreprises, leurs privations mêmes, justifient bien cette opinion.

C'est le sentiment de la perte de leurs parens , de leurs amis qui les occupe entièrement ; c'est l'idée affreuse d'une éternelle séparation , aussi rien ne m'a paru plus difficile à concilier chez eux que tant d'attachement , tant de douces affections , avec la véhémente et implacable résolution, qui porte quelquefois certains d'entre eux à détruire leurs semblables.

Lorsqu'il meurt quelqu'un au Montenegro, on n'entend que pleurs , gémissemens et cris dans toute la famille ; les femmes, surtout, se frappent d'une manière effrayante , s'arrachent les cheveux , se déchirent le visage et la poitrine.

Le mort , exposé pendant vingt-quatre heures dans la maison , ayant le visage découvert, est parfumé d'essences , jonché de fleurs et de feuilles d'aromates, à la manière des anciens ; les lamentations recommencent à chaque instant, et surtout chaque fois qu'il arrive un nouveau venu. Il ne faut pas s'imaginer que c'est par une vaine apparence d'affliction ; ce sont d'effroyables sanglots , des hurlemens pitoyables, des mouvemens de sensibilité qui impriment aux muscles du visage, ces contractions frappantes qui peignent si bien la douleur et le désordre d'une âme puissamment atteinte.

Quand le prêtre arrive, les cris redoublent ; mais ce qu'il importe le plus d'observer, c'est ce que font les parens au moment où l'on va porter le défunt hors de la maison ; ils lui parlent à l'oreille, lui donnent des commissions pour l'autre monde auprès de leurs parens ou amis trépassés.

Après ces adresses, d'une espèce toute sinsigulière, le mort, couvert d'un suaire librement posé sur lui, et le visage toujours apparent, est porté à l'église. Dans la marche, des femmes destinées à cet objet, chantent, *en pleurant*, la vie du défunt.

Avant de le mettre en terre, les plus proches parens lui attachent un morceau de gâteau au cou, et lui mettent dans la main une pièce de monnaie, conservant ainsi l'usage des anciens Grecs.

Pendant cette cérémonie, comme dans le trajet de l'église au lieu de la sépulture, il faut entendre les apostrophes qu'à travers mille douloureux sanglots on adresse, à haute voix, au defunt : « Pourquoi nous » as-tu quittés, mon ami? Pourquoi délaisser

» ta famille? Ta pauvre femme t'aimait si ten-
» drement! Elle te soignait de si bon cœur ;
» elle te préparait si bien à manger; tes fils
» t'obéissaient si respectueusement ; tes amis
» te secouraient en tout; tu possédais de si
» beaux troupeaux; le ciel bénissait tes en-
» treprises. »

Jusqu'ici, tout présente un sens moral; mais combien je retranche de propos bizarres d'exclamations plus bizarres encore, des vœux extravagans qui font de cette cérémonie dernière, la scène la plus lugubre et la plus burlesque en même temps!

Dès que le défunt est enterré, le curé et tout le cortége retournent à la maison, où l'on assiste à un grand repas, souvent interrompu par des chants bachiques, et alternativement par des prières en l'honneur du mort. Toujours un des convives est chargé d'improviser une complainte qui arrache ordinairement des larmes à toute la compagnie. Le chanteur se fait accompagner de trois ou quatre monocordes , dont l'aigre discordance peut faire rire et pleurer à la fois.

Les hommes de ce pays laissent croître leur barbe en signe de deuil ; les femmes se couvrent la tête d'un mouchoir bleu ou noir, pendant la première année de la mort de quelqu'un de leurs parens, à quelques mois plus ou moins près, selon les divers degrés de parenté.

Les femmes ont coutume d'aller, pour le moins, chaque jour de fête solennelle, pleurer au tombeau de leur mari ou de leurs enfans, y répandre des fleurs nouvelles ou des plantes odorantes. Si, par hasard, elles y ont manqué une seule fois, elles en demandent pardon au mort, de même que s'il était encore en vie, et qu'il pût les entendre, en lui rendant compte des motifs qui les ont empêché de remplir ce pieux devoir.

Souvent aussi elles lui demandent, à haute voix, des nouvelles de l'autre monde, lui adressant les questions les plus curieuses, toujours en chantant sur un ton plaintif.

CHAPITRE XXI.

Superstition. — Préjugés populaires. — Sorciers, etc.

Il est pénible de tracer ici les suites et les conséquences inévitables de l'ignorance et de la pusillanimité de. l'homme, qui n'est encore qu'à demi civilisé, surtout quand il est, comme au Montenegro, sous l'influence de prêtres et de moines intéressés à le maintenir dans cet état d'imbécilité morale, qui convient à leurs vues.

Nulle part la croyance aux revenans, aux sorciers, aux malins esprits, n'est plus invétérée qu'au Montenegro. Les fantômes, les rêves, les prestiges poursuivent sans cesse leur imagination; mais rien n'égale la terreur que leur inspirent les *brucolaques*, c'est-à-dire les cadavres des individus frappés d'excommunication, jetés au hasard sans sépulture. Le sol qui les a reçus est une terre maudite à jamais; ils s'en éloignent à une grande distance; et si le lieu se présente à leur souvenir, ils se croient poursuivis par des *revenans*. Enfin, ces hommes qui affrontent tous les périls, ne rêvent que sorciers et esprits malins; tous leurs discours peignent la terreur dont ils sont atteints; il faudrait être un habile démonographe pour faire la longue histoire de tous les diables dont ils s'entretiennent, et de toutes les aventures qu'ils en racontent.

D'autres croient voir les ombres de leurs aïeux planer dans les nuages et sur leur tête; ils leur adressent la parole dans le silence des ténèbres; ils croient entendre leur voix; ils conversent avec les ombres; leur donnent des commissions pour d'autres morts; et dans le délire de leur imagination, ils se figurent être eux-mêmes en communication ouverte avec l'autre monde.

Lorsque la cause de la mort d'un Monténégrin est inconnue, soit qu'on le suppose avoir péri par des événemens naturels, soit qu'on craigne qu'il n'ait été victime de la vengeance de quelque ennemi de la famille , les parens font crier dans tous les quartiers du village, par trois jeunes enfans chargés de ce service , cette formule particulière, en langue illyrienne :

« Le vautour est venu dans notre village.
» Il nous annonce que notre frère, notre cou-
» sin, ami, etc., a péri par punition divine, ou
» par le ressentiment d'un ennemi cruel ;
» plaignez-le dans le premier cas. Mais
» armez vos bras, si vous supposez la ven-
» geance de quelque ancien ennemi de sa per-
» sonne, et payez de son sang celui qu'il a
» répandu dans notre famille. »

Le refrain dit : *Plaignez son sort, ven-gez-le.*

Ce n'est que depuis peu de temps que l'u-sage de laisser les morts exposés , pendant vingt-quatre heures, avant de les inhumer, a prévalu au Montenegro, et chez les Grecs en général. Il n'y a pas encore dix ans qu'on les enterrait après huit ou dix heures seule-ment. Aussi, de temps en temps, arrivait-il

quelques résurrections accompagnées de circonstances souvent plaisantes. J'en citerai
une dont le personnage existait encore en 1813.

Un nommé *Zanetto*, homme tout à fait
original, mais adonné à la boisson , fut saisi
par une averse, un soir qu'il s'était plus particulièrement enivré. En rentrant chez lui ,
il se jette sur son lit avec ses vêtemens ; chaud
de vin, mais froid de la pluie, il éprouve
d'horribles convulsions; vers les onze heures, il reste sans mouvement, sans chaleur,
sans respiration ; enfin il est dans l'état de
mort.... à huit heures du matin, on va l'inhumer. Pour le porter de sa maison à l'é-
glise, il fallait monter un chemin difficile
et descendre par un plus difficile encore.
L'inégalité du sol, partout coupé de rocs
et de grosses pierres , forçait les porteurs à des mouvemens violens. Ces fréquentes secousses rappellent *Zanetto* à la
vie. Il s'agite brusquement, se lève , regarde autour de lui, et crie en forcené : « Que
diable faites-vous, ivrognes? A ces mots, les
porteurs le jettent à terre, et s'enfuient comme

frappés de la foudre. Ceux qui suivaient le cercueil se précipitent dans les vignes en poussant de grands cris; ceux qui précèdent, se retournent, et terrifiés à ce spectacle, courent pêle-mêle dans la ville voisine où ils portent la consternation, les uns par leur silence, les autres par l'incertitude de leur narration; tous sont glacés d'effroi. Les prêtres seuls étaient restés sur le chemin, ignorant encore la véritable cause de ce désordre, lorsqu'ils entendent cette apostrophe du ressuscité Zanetto : « Démons vivans, vous » me le paierez; vous m'avez pris à la mai- » son, vous m'y rapporterez; autrement je » vous jette tout de bon où vous pensiez » me laisser pour toujours; oh! pour cette » fois, je boirai tout ; je ne vous laisserai » pas un sol. » Les prêtres le portèrent effec- tivement chez lui avec humilité et sans au- cune sorte d'impatience; ils firent tous leurs efforts pour calmer cet homme qui était fu- rieux. Il faut entendre raconter cet événe- ment par lui-même. Au reste, toutes ces bi- zarreries, ces extravagances, cette incohérence dans les principes, ne détruisent pas l'idée qu'on doit avoir de la sincérité de ce peuple, dans le sentiment qui l'attache fortement à la croyance , comme dans ses affections privées.

CHAPITRE XXII.

Des monts supérieurs, ou Zante du Montenegro.

Pendant mon séjour à l'abbaye de Saint-Basile, une députation nombreuse des habitans des monts supérieurs, sur le bruit de ma présence dans le pays , m'apporta, avec beaucoup de pompe, divers présens, selon l'usage adopté parmi eux; ils consistaient en douze peaux de mouton de la plus belle laine, deux agneaux et deux chevreaux vivans, d'une blancheur éclatante, douze fromages, une outre pleine d'hydromel, un fusil , une paire de pistolets richement garnie d'or et de nacre, à la manière albanaise, un beau ganzard et une paire de spadrilles. Ce dernier objet est de tous les hommages le plus honorable qu'on puisse faire ; il signifie qu'on vous a jugé digne de parcourir le pays, qu'on met en vous toute sa confiance, et que vous serez reçu avec les sentimens de la plus grande cordialité.

Je n'avais pas prévu cette circonstance ; et j'avais peu de ressources pour témoigner ma reconnaissance. Je ne pouvais pas leur offrir de l'argent, sans les offenser, car ils n'en reçoivent jamais à titre de récompense pour des soins officieux, ce qui m'a beaucoup servi, vu que j'en avais peu. J'étais privé d'effets disponibles et dignes d'être offerts; toutes mes richesses se réduisaient à une montre, une boussole, une lunette de longue vue, une de poche et une tabatière de buccin garnie en or : les trois premiers articles m'étaient si nécessaires, qu'il n'était pas possible de m'en démunir. J'offris aux deux notables ma tabatière et ma lunette de poche , qui étaient de quelque prix ; et une bague de peu de valeur, quoique fort apparente, à un pope qui était du nombre. Je ne crois pas d'avoir mieux réussi de la vie à faire quelque chose de plus agréable ; je reçus pour ces modiques objets plus de baisemens de mains que la plus coquette comtesse italienne n'en reçut jamais de tous ses *cavaliers servans.*

Après avoir déposé les présens à mes pieds, on m'environna de toutes parts, et le plus ancien des envoyés s'avançant vers moi dans le cercle, avec un respect mêlé de fierté, me dit textuellement : « Soldat du plus brave ! » viens dans nos montagnes ; le Turc, notre » ennemi, irréconciliable ennemi tremblant » d'inquiétude sur les motifs de ta présence, » sera contenu dans son audace. » Portant aussitôt son espèce de turban à trois ou quatre pouces au-dessus de ma tête, comme pour la couvrir : « Tu seras, ajouta-t-il, protégé » des miens comme du ciel. » Je me rendis au vœu de ces bonnes gens, et je fus bien récompensé de ma condescendance par leur concours à me procurer la connaissance de tout ce pays.

Nous partîmes le soir, assez à temps, pour aller coucher à *Comani* inférieur, afin d'éviter les lenteurs qu'aurait entraînées le cérémonial du départ le lendemain. Nous étions déjà connus de ceux de Comani; ils s'attendaient, d'un jour à l'autre, à notre passage, et les principaux avaient fait des provisions pour nous traiter. Néanmoins, à notre arrivée, on ordonna la pêche dans la rivière de *Schinizza*.

Dans la soirée, on me fit juge d'une contestation comique, élevée depuis quelques jours, au sujet d'une poule, envolée dans une basse-cour voisine; le propriétaire la réclamait, le voisin la refusait, préfendant qu'elle était à lui; fondé sur quelque ressemblance, chacun veut prouver, par divers signes, qu'elle est la sienne. On parie six piastres turques. Le propriétaire ajoute : Si c'est la mienne, je te la donne, à condition que tu la mangeras sans la cuire; je m'engage à en faire autant si elle est reconnue tienne. On consent de part et d'autre. C'étaient deux amis, il ne s'agissait pas de querelles, tous deux étaient de bonne foi. La reconnaissance est faite par les commères du voisinage, par la maîtresse même de la maison où la poule s'était réfugiée, et le détenteur est obligé à payer les six piastres et à manger la poule *sans la cuire*. Mais il trouva le moyen de la manger cuite, par le subterfuge suivant, digne des sophistes de l'ancienne Grèce : *Tu la mangeras, as-tu dit, sans la cuire*. Cela ne veut pas dire : Tu ne la feras pas *cuire par d'autres*. Cette subtilité avait réussi, et occupait encore l'esprit de tous ces villageois.

Le maître de la poule mangée, me racontant la ruse, s'en rapportait, dit-il, à mon jugement. La sentence n'était pas très embarrassante. Je le priai de m'exposer sa condition telle qu'il l'avait faite; et je lui fis comprendre que n'ayant pas explicitement défendu de la *faire cuire* par d'autres, son adversaire avait pu tourner l'expression à son avantage. Hé bien, lui ajoutai-je, je suis d'avis que le mangeur de *poule cuite* soit tenu d'en mettre deux au pot ; et que les deux familles les mangent ensemble de bonne amitié. On rit beaucoup, et cela fut accepté. —J'y ajoute un mouton, dit l'autre, en s'adressant à moi, si tu consens à être des nôtres.—Eh! mes amis, je pars demain.—C'est égal, tout sera prêt à huit heures.—Allons, je le veux bien. — Ma résolution leur fit beaucoup de plaisir.

Le lendemain, après avoir bien bu, bien mangé, nous partîmes vers les dix heures; nous traversâmes le défilé des monts qui s'inclinent sur la Schinizza. Au tournant de la chaîne, le pays s'élargit, en continuant jusqu'à *Cliesopoli*, où la plaine s'étend vers le cours de la Moraka.

Nous arrivâmes de bonne heure à *Cliesopoli*, où l'on remarque une différence frappante avec le pays déjà parcouru. Le cours de la Moraka et de la Zetta en fertilise toutes les terres; et les habitans, bien

que plus grossiers, y sont beaucoup plus la-
borieux.

Cliesopoli est une commune importante,
non-seulement par le nombre de ses habitans , mais encore par leur valeur et le
commerce qu'ils font avec ceux de *Podgorrizza*. Toute la partie basse est en vastes
prairies; les pentes de la montagne, exposées
au levant, sont plantées en vignes, dont ils
font de bon vin. Ils sont comme les senti-
nelles des départemens de la Katunska et de
la Rieska , et ont de fréquens démêlés avec
les Turcs d'Albanie.

Je reconnus, dans plusieurs jardins , plusieurs plants de *gazia* à fleurs sphériques
jaunes. Elles ressemblent à des houpes de la
grosseur d'une petite noisette, formées d'une
multitude d'étamines , tellement serrées ,
qu'elles paraissent former un corps indivis.

A cette sphéroïde succède une, deux et
quelquefois trois siliques d'environ trois
pouces, recourbées et articulées pour deux,
trois, même quatre grains longuets, noi-

râtres et fort durs. Entre l'enveloppe et la
membrane interne, est une substance jaune,
brillante et cassante, dissoluble à l'eau,
mais difficilement.

C'est l'espèce de *triacanthos*, connu sous
le nom d'acacia de Farnèse. Le suc qu'on
en tire par incision, produit une gomme
comparable à la meilleure arabique.

La fleur du gazia se distingue par une
odeur des plus agréables, quoique forte ;
elle produit à l'odorat le même effet que
l'ananas au goût par la variété des impressions ; on la devine de loin ; une seule fleur,
dans un appartement, suffit pour parfumer
toute la maison.

Le mauvais temps nous retint un jour ; il
était impossible d'aller plus avant. Je souf-
fris beaucoup cette journée, parce qu'elle
fut entièrement perdue pour moi.

Nous allâmes visiter le pope qui m'avait
prévenu la veille, et qui me fit un touchant
accueil. C'était un homme simple et très peu
instruit ; il avait cet air de bonhomie qui
inspire la confiance. Notre conversation fut

très vague ; il la termina par un trait dont l'histoire rapporte peu d'exemples ; le voici :

Un homme est injurié publiquement pour les retards trop prolongés d'une dette. Un ami survient, rougit pour son voisin ; il veut l'aider, mais il n'a pas d'argent ; il vend la seule vache qu'il possède, et libère aussitôt son ami. Plusieurs années s'écoulent ; le débiteur avait prospéré, sans songer à s'acquitter, tandis que l'homme généreux était tombé dans l'infortune.

- Un jour au sortir de la messe, celui-ci accoste son voisin, et le prie, avec tous les ménagemens de l'amitié, de lui prêter quelques secours ; il est refusé.—Rends-moi donc la petite somme que tu sais bien...—Je n'ai point d'argent.—L'autre se retire douloureusement affecté, mais sans se plaindre, parce qu'il craint de précipiter la honte d'un discrédit que le retour de sa femme peut lui éviter.

Quoique ces deux hommes se fussent parlé assez bas, quelqu'un les avait entendus. L'affaire transpire ; le bruit s'en répand ; on

se groupe, et chacun, dans sa juste improbation, prend part à cet acte de la plus noire
ingratitude. On défend au coupable l'entrée
de l'église pendant un an, et tout le monde
le fuit. Le magistrat ne se mêle en aucune
façon de cette justice populaire. Ce fut uniquement de citoyens à citoyens.

C'est à *Cliesopoli* que commence la longue
chaîne des monts supérieurs, qui s'étend
parallèlement à la Schinizza, jusqu'à sa
source, et qui, se prolongeant jusqu'à Lastwi,
sépare le Montenegro presque en deux parties égales. Celle qui domine la Katunska,
est perpendiculaire, et nue sur plusieurs
points; le côté que nous allons parcourir est
richement couvert de bois de futaie.

A *Menussichi* commencent les belles prairies qui continuent, des deux côtés de la
Zetta, jusqu'à sa source. En s'approchant de
la Moraka, les terres sont excellentes et très
propres à la culture du tabac; aussi y est-elle
en pleine vigueur. Les parties qui s'élèvent
vers les monts sont plantées de beaux vigno-

bles. En général, le pays est plus découvert ; on croit être sous un autre ciel.

Le mode de vivre et de commercer est le même à *Menussichi* qu'à *Cliesopoli*. C'est dans cette commune où je me suis aperçu que les habitans des monts supérieurs ne font point usage de chemises comme ceux de la Zante ; ils sont beaucoup plus malpropres que les autres Monténégrins, et exhalent une odeur insupportable ; néanmoins ils sont plus beaux hommes et d'une santé plus robuste que dans le reste du pays.

Je me trouvai logé chez *Paolo Iranolich*, que je ne connaissais pas, et qui m'entretenait toujours comme quelqu'un dont on croit être connu ; il s'épuisait en attentions.

Je ne savais comment y répondre ; lorsqu'on vint pour servir le souper, sa femme parut pour la première fois, et aussitôt il lui dit : Regarde, ma bonne, c'est le commandant qui nous a fait rendre nos armes à Castel-Nuovo ; traite-nous bien. Je compris alors que c'était un de ceux à qui j'avais

permis l'entrée de la place avec leurs armes.
Il n'est pas hors de propos d'entrer ici dans
quelques détails; ils ajouteront à ce que j'ai
dit de leur reconnaissance.

Comme un Monténégrin ne marche jamais
sans armes, rien ne lui coûte davantage
que cette privation, même momentanée.

Des mesures de sûreté avaient obligé,
pendant quelque temps, MM. les commandans limitrophes de faire déposer les armes
à toutes les portes des places. On suivait, surtout à l'égard des Monténégrins, la marche
déjà tracée par les gouvernemens qui nous
avaient précédés, et dont ne se sont pas
encore départis, à leur égard, les pachas de
Scutari dans leurs relations avec eux. Ils
dédaignent même souvent de les recevoir,
tandis qu'ils admettent leurs femmes et traitent avec elles des affaires commerciales ;
mais tout cela se fait bien moins encore par
crainte que pour avoir occasion de les humilier.

Les Monténégrins firent les remontrances
les plus instantes, et en même temps les

plus fières. « Vous nous craignez donc, dirent-
» ils, avec nos armes? elles ne sont que les
» instrumens de notre courage ; il faut ne
» cesser de craindre un Monténégrin qu'on
» outrage, que lorsqu'il est mort. Vivans,
» nous attaquons nos ennemis avec les ongles,
» les dents et des pierres, si nous n'avons
» pas d'autres armes. »

Un jour, plusieurs se présentent à la porte
de *Castel-Nuovo*, où je commandais ; on leur
prescrit de déposer leurs armes au corps-de-
garde : ils préfèrent ne pas entrer. Deux
d'entre eux seulement y consentent, afin de
venir solliciter pour tous l'honneur d'entrer
armés. Rassuré par les circonstances autant
que par les dispositions particulières de ma
position militaire, je donnai, sur-le-champ,
l'ordre de permettre cette faveur à tous ceux
qui attendaient au dehors de la place, et
d'apporter chez moi les armes des deux envoyés. Tenez, mes amis, leur dis-je, en les
leur remettant, c'est une erreur de consi-
gne ; cette mesure n'est nullement nécessaire à la sûreté de mon poste ; vous n'êtes

pas assez forts pour être à craindre, et je vous estime trop pour vous croire capables d'attentats individuels. J'ai donné l'ordre pour qu'on ne vous prive plus de vos armes à l'avenir; vous êtes bien dignes de les porter.

Il me serait impossible de rendre, je ne dis pas les démonstrations, mais ce qui se passa aussitôt dans l'âme de ces gens. Pour bien s'en pénétrer, il fallait être présent à la scène et en juger par les mouvemens, l'expression des yeux et cette agitation expansive de toute la physionomie, où se peignent si bien les impulsions secrètes. Je m'applaudis à moi-même. Je confesse que je cédai un moment à l'orgueil d'une action qui avait causé d'aussi vives sensations. Je jouis d'avoir su faire un instant le bonheur de quelques hommes.

Cette confiance me concilia l'affection de ce peuple, chez lequel le bruit de ma conduite (que d'autres ont blâmée, peut-être avec quelque fondement, d'après leurs préventions) fut bientôt répandu. Aussi, jamais depuis, malgré leurs incursions dans les terres limitrophes, aucun attentat n'a été commis par eux, ni à leur instigation, dans mon arrondissement militaire. Les Monténégrins venaient me visiter souvent, comme un ami, et je dois sans doute aux ménagemens dont je crus devoir user alors envers eux, tous les témoignages que j'en ai reçus dans leur pays.

Nous parcourûmes rapidement et sans obstacle, la belle vallée de la *Maraccje* inférieure, l'une des plus riches divisions de la Gliesanska nahia ; une longue plaine, qui se continue depuis Podgorrizza jusqu'au delà de la Sussizza, où elle se rétrécit et se divise en plusieurs parties, par des prolongemens de montagnes ; une infinité de ruisseaux, beaucoup d'habitations, tous les terrains en culture, des forêts de la plus belle venue, tel est l'aspect de cette partie.

Entre *Menussichi* et le mont *Gratz*, nous traversâmes plusieurs hameaux où s'était manifestée, depuis quelque temps, une espèce d'épizootie ; le peuple y était dans une consternation générale ; les églises étaient toujours ouvertes, et chacun en prière nuit et jour, sans que le mal cessât.

Comme ce pays est arrosé de plusieurs ruisseaux et rivières, les approches du mois de septembre sont ordinairement marquées par de fréquens brouillards qui n'empêchent pas les habitans de conduire, dès le matin, leurs bestiaux sur les pâturages. Nous nous informâmes des moyens qu'ils avaient pris jusqu'alors pour remédier à ce malheur public.—Nous prions, était la réponse de tous. —Connaissez-vous la cause?—Non.

Mon chasseur d'ordonnance leur dit : N'auriez-vous pas l'habitude de sortir vos bestiaux de bonne heure?— Oui. — Et pendant les brouillards?—Tout de même.—Hé bien, mes amis, je suis d'un pays où l'on a très grand soin de tenir à l'étable tous les bestiaux, jusqu'à ce que les brouillards soient entièrement dissipés. Vous n'avez pas cette prudence, et voilà ce qui les rend malades. Ils l'écoutaient comme un oracle; ils le remercièrent, parce qu'il leur fit bien comprendre qu'il avait raison, et promirent qu'ils mettraient ses avis à profit. Ils allèrent même jusqu'à vouloir le forcer à recevoir de l'argent : ce qu'il refusa avec délicatesse ; mais on se piqua de nous traiter avec des attentions infinies. On fit la pêche aux truites exprès pour nous ; on nous prépara des lits de feuillages de maïs, et l'on nous fit l'honneur de nous inviter à une messe solennelle pour intercéder le ciel en faveur des habitans. On nous donna une place de distinction, et le prêtre me fit particulièrement les honneurs de l'encens.

Le lendemain nous gagnâmes les défilés de *Bielo-Pawluchi*. C'est là où la patience devient une vertu d'obligation : combien d'aspérités dans le sol ; que de difficultés dans les marches ; que d'incidens dans les formes des monts qui se lient ou se succèdent ! Si l'on juge des distances par l'inspection de la carte, on touche à sa destination. Mais lorsque l'on voit presque à ses pieds le village où l'on doit prendre l'asile, et qu'on tourne trois ou quatre heures, pendant lesquelles il échappe dix fois, et semble

fuir; qu'à cela on joigne une excessive fatigue et une pluie continuelle, on conviendra
qu'on peut, sans manquer de constance,
désirer d'arriver au gîte.

Nous allons gravir maintenant le fameux
mont Gratz, remarquable par l'énorme grosseur et la hauteur démesurée des sapins qui
bordent la crête du vaste plateau qui le couronne; c'est aussi le séjour le plus fréquenté
par les aigles et les vautours. C'est de ce
point qu'il est facile d'observer tout le pays,
et tout ce qui s'offre en perspective de l'autre
côté de la Moraka. Si l'on s'abandonnait à
toutes les grandes impressions que font naître tant de grandes scènes, il faudrait mul-
tiplier les descriptions. Je sens que les couleurs me manquent, et que mes pinceaux
sont usés.

Nous traversons enfin toute la partie du
mont *Piessiori*, qui nous ramène aux versans
des monts supérieurs, en parcourant une
partie du pays occupé exclusivement par les
Ukoskis, émigrés de la partie turque du
territoire de *Nickchiech*, par suite de divi-

sions, et par l'excès de la tyrannie exercée contre eux, à cause de leur croyance, ainsi que par les exactions des agens du pacha.

Rendus à *Piessiori*, nous y fûmes reçus au son des cloches et au bruit d'une décharge de mousqueterie; tous les hommes d'armes du pays s'étaient rassemblés. Comme c'était le point le plus marquant des frontières des monts supérieurs, on avait voulu se signaler, et c'est au pope *Jovevich*, que j'avais reçu avec distinction à Cattaro, à qui je devais tant de démonstrations de bienveillance.

Nous avions besoin de repos; je résolus de m'établir quelques jours chez lui. Comme mon escorte s'était accrue, je dus prier les chefs de se répandre dans les hameaux voisins, s'il venait trop difficile de se loger tous dans le village; dans un instant tous furent casés. Dix furent retenus avec moi, par le pope, à qui je représentai vainement qu'il suffirait de deux. « Non, non, dit-il; » si j'avais des vivres pour tous, je n'en lais-» serais pas aller un seul. »

Le lendemain j'employai la journée à mettre quelque ordre à mes notes, négligées depuis plusieurs jours, par les grandes difficultés de m'établir commodément. Voici le résultat de mes observations.

Cette partie importante des monts supérieurs unie au Montenegro contient plusieurs villages, dont les plus marquans sont Cussi, Bielo - Pawluchi, Liesno et Duboko. Ces deux derniers villages sont les chefs-lieux de la colonie des Ukoskis ; *Lagaras* est encore une commune importante sur la Sussizza, à l'entrée d'une vallée charmante.

Les produits principaux de cette contrée consistent en grains de toutes les espèces, en tabacs d'une qualité supérieure, et en nombreux troupeaux. Les habitans, de même que la plus grande partie de ceux de l'Herzegowine, les plus voisins des confins, sont les *censali* ou fermiers des Monténégrins. Les habitans des deux Maraccje sont les plus riches des monts supérieurs.

Rovejani et *Piperi* sont d'une pauvreté sensible, relativement aux autres villages.

Liesno et *Duboko* abondent en vins, foins et en miel d'une qualité supérieure.

La principale rivière est la Zetta, qui prend sa source au pied de la montagne des Piessiori et conflue avec la Moraka. Aux approches de Podgorrizza, elle abonde en truites des plus délicates, surtout celles qu'on prend aux environs de Stap ou Scupo, où affluent une infinité de ruisseaux et de torrens. Il n'est pas extraordinaire d'en voir qui pèsent jusqu'à cinquante et même soixante livres.

Une rivière moins importante est la Sussizza, qui prend sa source sous la montagne de Gratz, passe auprès de Piperi et Sagaraz, et va se réunir à la Moraka, entre les communes de Budina et de Spug.

On remarque, dans la Maraccje supérieure, un grand couvent, et surtout une vaste et magnifique église, que Stéphano Nemanich, roi de Hongrie, y a fait bâtir, d'après les dessins de celle de Notre-Dame-de-Lorrete; c'est le plus beau monument de tout le pays.

Les usages, les coutumes, politiques et judiciaires, sont aujourd'hui les mêmes aux monts supérieurs qu'au Montenegro, auquel ils se réunirent, il y a environ dix-neuf ans.

Ma présence dans ce pays avait réellement inquiété tout le voisinage turc; on en tirait mille conséquences, toutes également étranges. On allait jusqu'à me donner le caractère d'envoyé avec des intentions hostiles contre l'Albanie turque.

Pendant mon séjour, il m'a été facile de me convaincre combien les habitans des monts supérieurs sont encore plus servilement courbés que les autres Monténégrins , sous le joug de la superstition. Ces malheureux, dans un jour d'abstinence, assassineront quelqu'un sans scrupule, tandis qu'ils se laisseraient juguler, plutôt que de consentir à manger de la viande, ou à suspendre, un *seul* samedi, l'hommage du luminaire à l'image de la Vierge.

Comme le foyer est au milieu de la chambre, ils ne prennent pas la peine de couper le bois à brûler d'après certaines dimensions ni même de le fendre; de sorte que souvent on y trouve des troncs entiers d'une grosseur étonnante. Un semblable que je vis chez notre pope, me fournit l'occasion de demander quelle pièce ils mettaient pour la bûche de Noël afin de la distinguer ? La pièce que nous mettons au feu, dit-il, ne se distingue pas par sa grosseur, mais par le cérémonial ; il m'en fit aussitôt le détail, auquel il en ajouta quelques autres.

Les cérémonies les plus généralement observées, sont celles qui précèdent et accompagnent les fêtes de Pâques, de Noël et du protecteur de la famille ; ce qui se fait, pour les premières, se rapproche assez des nôtres ; mais leurs usages domestiques aux fêtes de Noël ont un tout autre caractère.

L'usage de mettre la grosse bûche au foyer, dès la veille, date de très loin chez eux comme chez nous ; mais ils l'environnent de mille pratiques minutieuses ; je ne m'occupe que de la plus remarquable : on dépouille de son écorce une pièce de bois, d'environ cinq à six pieds de long ; on l'orne de fleurs et de branchages de laurier, disposés en guirlandes spirales; on l'arrose de parfums; à défaut, on jette dessus de la résine et des plantes odorantes; les femmes seules, couvertes de leurs plus beaux habits, la mettent au feu; aussitôt on se met à table; la danse et les chants en sont toujours la suite; mais à chaque instant ils sont interrompus pour aller observer l'état du feu; la manière dont les lauriers se consument devient pour eux le présage du bonheur ou du malheur de la famille.

Si quelques feuilles de laurier réduites en cendres, conservent leurs formes un certain temps, c'est un bon augure; si, au contraire, elles tombent divisées, c'est un présage sinistre, et l'on fait alors mille prières, mille invocations.

Ils croient encore aujourd'hui, de la meilleure foi du monde, aux effets de l'excommunication, dont personne jusqu'à nous n'a connu d'autre prodige que l'audacieuse ignorance des excommunians, si ce n'est la profonde sottise des excommuniés.

CHAPITRE XXIII.

Suite des préjugés populaires, et du carac-
tère national des Monténégrins. — Mala-
dies. — Médecins. — Vaccine.

La mortalité de leurs bestiaux est au rang
des grandes calamités; mais du moins, dans
aucun cas, même dans la perte absolue de
leur fortune, ils ne cèdent au sentiment de
leur peine. « Pourquoi, disent-ils, nous trou-
» bler long-temps pour des effets que toute
» la sagesse humaine ne saurait ni prévoir,
» ni détourner, ni même suspendre ? » On
juge bien qu'avec cette manière de penser,
le *spleen* ne les tourmente guère; ils ne
sont pourtant pas insensibles ; mais ils
s'exemptent de ce trouble factice, de cette
fausse honte qui s'attachent aux revers; ils
échappent à ces écarts d'une imagination
fantastique, si commune aux hommes trop

façonnés, que le plus petit atome , déplacé dans l'univers, provoque au délire, à la destruction d'eux-mêmes. Certes, chez les Monténégrins, jamais on ne vit de suicide ! La nature humaine n'y s'est point encore avilie à ce point ! C'est le vice ou la maladie des nations civilisées.

Leur ambition, leur vœu le plus manifeste est de se sacrifier dans les combats partiels, ou dans leurs expéditions nationales ; et si , dans leurs discussions avec quelqu'un dont ils suspectent le courage, ils découvrent le moindre motif de mésestime; si les actions de leurs propres fils manquent de toute l'audace qui doit flatter leur attente, ils se livrent aux imprécations contre eux, et leur disent avec mépris : Va, misérable, tu déshonoreras ta famille, *tu mourras dans ton lit....* C'est le dernier terme de malédiction. Cette sentence est un coup de foudre pour celui contre lequel elle est prononcée.

Quelques circonstances nous ont appris qu'il n'y a dans le Montenegro aucun médecin ni chirurgien; mais pourtant il y a des

hommes qui guérissent. Ce sont des paysan
qui entreprennent gratuitement la cure des
malades, par l'usage unique des sucs expri-
més de certaines plantes, dont eux seuls possèdent le secret. Au hameau de Vascovich et
à Rovejani, j'eus occasion de conférer longuement avec deux de ces hommes, qui passent pour des prodiges de science. Etrangers
à toute espèce de théorie, ils n'en raisonnent
pas moins bien sur les causes des maladies;
par suite d'une longue expérience, ils sont
pleins de sens. Ils n'ont pas la prétention des
citations fastueuses. Aucun d'eux ne se vante
d'avoir trouvé la panacée universelle, mais
ils ont observé avec fruit.

Certains montagnards se consacrent aussi
gratuitement, les uns à la guérison des frac-
tures, d'autres aux hernies; ceux-ci aux
blessures des membres, et d'autres à l'ino-
culation, qui y est pratiquée exactement, et
qui y réussit si bien, qu'on ne voit nulle part
un individu défiguré par les ravages de la
petite-vérole. Le Wladika avait introduit déjà
la vaccine à mon arrivée. Il m'en parla sou-

vent devant plusieurs paysans pour ajouter à ses efforts par mon approbation , en me priant d'insister sur ses avantages, et de citer quelques exemples. Au reste, on juge facilement qu'un peuple qui réunit à une constitution vigoureuse une tempérance soutenue, n'est guère sujet qu'à des maux accidentels.

Après plusieurs jours de courses et d'observations, je manifestai la volonté de partir. Tous voulaient me retenir encore pour longtemps. J'insistai, en motivant mon refus sur la nécessité de rentrer à mon poste à une époque limitée, et sur l'obéissance essentielle aux lois militaires. Ils approuvèrent ces motifs.

La même caravane voulut absolument me conduire jusqu'aux confins. En descendant la montagne, environ à quatre milles , nous fûmes surpris par un temps effroyable, qu'il nous fallut supporter , bon gré malgré, ne trouvant pas un seul abri ; vers les cinq heures du soir, nous avions encore à parcourir une distance trop considérable pour nous flatter d'arriver avant la nuit à notre gîte. L'escorte résolut de gagner une vieille grange à une lieue à gauche du chemin ; nous nous y dirigeâmes. Elle était abandonnée par vétusté ; une partie seule en était couverte, et servait d'abri aux bergers dans les orages. La noirceur, le désordre du local, celui de nos vêtemens ; l'étalage des manteaux et des armes qu'on faisait sécher ; les peaux, le sang et les intestins de trois moutons répandus çà et là ; la fumée du foyer, celle de quatre-vingts pipes ; les mouvemens continus, la mine de tous ces hommes à moustaches et à longue barbe, formaient un tableau qui ne différait guère de celui d'une bande de voleurs occupés, dans une caverne, au partage du butin.

Je me sentis involontairement ému, effrayé même par cette situation, qui m'entraîna dans des réflexions graves. Tant que j'habitais chez quelque particulier, je pouvais reposer avec sécurité. L'asile est tellement sacré chez eux, que jamais aucun n'oserait rien entreprendre contre quiconque l'a reçu.

Mais, isolé, au centre d'inaccessibles montagnes, livré seul, sans asile, à la volonté de quelques hommes qui ne sont plus contenus par le prestige de l'opinion ; qui n'offrent, par conséquent, d'autre garantie que leur libre arbitre, j'avoue que je ne fus pas sans inquiétude. Toutefois, cet état dura peu, et afin de ne pas le leur laisser soupçonner, je m'empressai de prendre part à la conversation, qui était déjà devenue très bruyante. Mais un danger non prévu m'attendait là. Je ne m'en tirai que par une audace et une franchise, que je crois naturelles à tout officier français, et qui heureusement firent impression sur ces hommes grossiers, mais bons.

Pour comprendre le récit de ce fait, il faut reprendre les choses d'un peu plus haut.

Deux mois avant mon voyage (le 23 août), les Monténégrins, au nombre de dix-huit cents, menacèrent le Cattaro, avec le dessein bien manifesté de ravager la province, et d'en enlever les bestiaux et les objets les plus précieux.

Instruit par des agens secrets, je sortis de

la place de Cattaro, la nuit du 22, avec une seule compagnie de ligne, et j'allai occuper le mont *Vermoz,* qui commande tout le pays, et d'où j'observais pleinement les moindres mouvemens de l'ennemi, en même temps que je protégeais le fort de la Trinité, en maintenant les communications de ce poste avec la place.

En marchant sur Vermoz, j'ordonnai au comte *Bubich,* colonel des Pandours, de se réunir sur la route pour contenir l'ennemi, et observer sa gauche; et au comte *Grégorina,* chef de la légion de la garde nationale, de se joindre à moi au mont Vermoz, pendant la nuit, avec autant d'hommes d'armes qu'il pourrait en rassembler. Ces deux braves jouissaient de la confiance de leurs troupes; et à la pointe du jour, je me vis à la tête de huit cents hommes.

Les Monténégrins qui étaient déjà en position sur un plateau qui domine le vallon de Seagliari, furent bien surpris de me trouver maître d'un poste essentiel qu'ils auraient dû occuper, et dont ils connaissaient l'avantage.

Ils restèrent long-temps indécis. Je fis exécuter sur mon terrain des évolutions, et des mouvemens si multipliés, qu'ils ne purent jamais juger de mon nombre.

Toute la journée se passa de part et d'autre en légères escarmouches. Le soir, ils allumèrent de grands feux, puis ils décampèrent. Je suspectai leur manœuvre, elle était feinte. Heureusement j'occupai le poste jusqu'au lendemain à midi ; alors je fis l'apparence de décamper à mon tour ; mais je revins de suite par le revers de la montagne avec l'élite de ma troupe , renvoyant plusieurs hommes inutiles qui ne pouvaient que gêner mon mouvement.

Les Monténégrins, à la vue des hommes qui se retiraient effectivement dans leurs communes respectives , se flattèrent d'occuper ma position ; ils s'avancèrent avec confiance, mais ils furent reçus par des décharges si vives, qu'ils furent forcés de se retirer avec précipitation.

Alors ils usèrent de stratagème ; ils me firent dire qu'ils avaient en leur pouvoir

un général français ; m'assurant qu'on allait
lui couper la tête sous mes yeux, si je ne me
retirais au plus vite avec ma troupe. Je dirigeai ma lunette sur ce point, et je vis en effet
un individu en habit de général français ;
mais je me rappelai de l'infortuné général
Delgorgues tué et dépouillé à Raguse. Je
ne fus point dupe de l'émissaire et je le
chassai. Le renvoi de cet homme rendit l'ennemi furieux ; il se porta vers moi avec l'apparente résolution de m'attaquer. Mes troupes firent bonne contenance, et les Monténégrins partirent enfin, en faisant des me-
naces, poussant des cris, et proférant des
imprécations horribles. Cette affaire m'était
toujours restée dans la mémoire.

Dans le cours de la conversation très animée,
dans la cabane isolée, lors de l'orage en question, j'entendis prononcer le nom de *Vermoz.*
Pour le coup je crus qu'on le citait exprès
pour avoir occasion de se venger de moi; il
me semblait même que tous les regards se
fixaient sur ma personne. Tant il est vrai
qu'on est ingénieux à se faire l'application

des moindres circonstances qui ont le plus
léger rapport avec ce qu'on peut craindre !

« Si nous eussions voulu, disait un des in-
» terlocuteurs, nous aurions pu prendre le
» commandant de cette position.—Oui, di-
» sait un autre, nous avons su, depuis, qu'il
» n'avait avec lui que sept à huit cents hom-
» mes.—C'était ce scélérat de colonel des Pan-
» dours, dit un troisième. Non, dit un qua-
» trième, c'était Grégorina..» — Vous vous
trompez tous , messieurs, m'écriai-je en prenant mon parti sans hésiter ; ce n'était ni
l'un ni l'autre. Ces deux hommes qui ont
donné tant de preuves de fidélité sont de braves et honnêtes militaires. —Oh ! n'importe,
repartit un d'eux, il eût été bien pris ce commandant, quel qu'il fût; et là-dessus il
me lança un regard significatif. Je l'avoue ;
je n'y pus tenir davantage. Je le connais,
leur dis-je, ce commandant, c'était moi-même : plût à Dieu que vous fussiez revenus à
la charge ! Mes mesures étaient prises , aucun
de vous ne m'échappait. A ces mots, le Monténégrin se lève et vient se mettre devant

moi, je me lève aussi, et quand nous sommes face à face : « Homme audacieux ; me dit-il, » ici, tu dépends de nous et tu nous braves ! » —Eh quoi, répondis-je ; parce que vous pouvez vous déshonorer en m'assassinant, dois-je faire le sacrifice de mon honneur, chez un peuple qui chérit tant son indépendance ? — Songes-tu que tu es seul ? —Oui , et qui d'entre vous veut commettre un crime inutile ? Je ne peux que mourir, un peu plutôt, un peu plus tard ; mais, regarde, je suis sans armes..... A ce mot, cet homme s'écrie : « Frère ! frère ! en me pressant sur son cœur, » ta franchise nous plait et nous honore. Eh ! » pourquoi tant d'hommes parmi les tiens, » croient-ils que nous sommes des barbares? » Que Dieu te tienne sous ses ailes ! » Tous applaudirent, et me firent mille démonstrations. Depuis, ils me témoignèrent plus de respect que jamais. —

Pendant ce temps, la soupe s'était préparée. On m'en servit une portion dans une grande feuille de chou ; l'un d'eux m'avait fabriqué avec son couteau une espèce de cuiller de bois, les autres mangèrent en commun, et l'on me servit de la viande à la pointe d'un bâton. Tout avait été préparé sans sel.

Le reste de cette journée se passa dans une gaieté générale; nous avions usé tout le bois qu'on avait pu se procurer. Mais le brasier fut assez considérable pour nous échauffer pendant la nuit.

On étendit plusieurs manteaux auprès du feu; l'on m'en forma un lit, où je dormis très bien; mais le cœur m'avait fortement battu.

Le lendemain, déjà dès l'aube, les Monténégrins étaient sur pied, occupés à examiner leurs armes, à les nettoyer, à en renouveler les pierres et les amorces. On mangea le reste des viandes de la veille; on but de l'eau-de-vie de poires sauvages; chacun garnit sa pipe, tous s'embrassèrent, et se témoignèrent mille marques d'affection; ils entonnèrent un chant national, pendant lequel plusieurs d'entre eux, à l'écart, se parlèrent fort long-temps; et au moment où les chefs d'escorte des monts supérieurs m'exprimaient leurs regrets de me quitter, la fusillade se fit entendre des deux parts ; on se sépara, mais on se répondit, encore long-temps après, par plusieurs coups de fusil.

La route est extrêmement difficile, toujours en pente très rapide ; nous traversâmes plusieurs torrens, dans lesquels il fallait descendre à des profondeurs incalculables pour se frayer un passage, de roche en roche, non sans de grands dangers. Cette manoeuvre nous arrivait souvent. Il est facile de comprendre que plus un pays est montueux, plus les torrens y sont fréquens, rapides, et que, conséquemment, il y a peu de rivières navigables. Cette remarque acquiert la plus complète confirmation à la simple inspection du Montenegro. Parmi le nombre infini de ces torrens, quelques uns ont de l'eau toute l'année, et forment dans leur cours ordinaire des cascades admirables par leur variété.

Si dans un beau jour vous vous trouvez placé sur un point dont le rayon visuel forme un angle d'incidence avec ceux du soleil, des milliers d'arcs brillans frappent sous toutes les formes vos regards enchantés. Ailleurs, c'est l'effet d'une brume subtile qui, s'exhalant par la chute et le choc des eaux, reproduit à l'infini toutes les couleurs du prisme, et surtout offre l'éclat de l'émeraude, du saphir et de l'escarboucle.

A peine les yeux ont-ils saisi une première image, qu'elle est déjà effacée par une plus belle encore; et ce concours précipité d'images fugitives, joint à la douce agitation des feuilles, au charme d'un murmure varié, provoque un sentiment dont on ne peut rendre compte qu'à soi-même, et qui entretient l'âme dans une délicieuse extase.

Mais si, surpris par l'orage, vous observez un torrent dans son cours précipité, le bruit effrayant des eaux accumulées de tous les points, le roulis des roches qu'elles entraînent avec furie ; la chute dans le ravin d'autres quartiers de pierres détachées simultanément des flancs de la montagne avec un horrible fracas, le sombre aspect du firmament, noirci par les tourbillons, le beuglement, les cris des bestiaux, qui se répètent au loin, tandis que la foudre éclate sur tous les points : cette réunion de circonstances tient toutes vos facultés en suspens ; votre âme cède à la confusion du tableau ; c'est celui de la nature en désordre, c'est la véritable image de la désolation. Ces oppositions m'ont frappé souvent dans mon voyage, et ont produit toujours en moi les mêmes sensations.

C'est surtout dans le trajet de Piessiori à Dobro, que nous éprouvâmes une variété de temps incroyable ; les accidens du terrain y sont tous également surprenans ; presqu'à chaque heure, on passe d'une température chaude à un froid excessif, par des oppositions subites et des changemens de scènes toujours inattendus. Cette partie est très peu habitée. Quelques hameaux, des baraques et des cabanes qu'on voit de loin en loin, dans des fonds presque perdus, forcent la pensée à chercher la cause d'un tel isolement , et l'inquiètent par la difficulté des accès et des communications.

Nous nous étions mis en route par un temps magnifique. Tous ceux de mon escorte étaient en belle humeur; ils se racontaient réciproquement ce qu'ils avaient appris dans leurs réunions avec les habitans des monts supérieurs et faisaient leurs comparaisons.

Moins occupé que dans les autres parties du pays, je pus m'attacher davantage à leurs entretiens, d'autant plus que nous rentrions dans un territoire déjà parcouru et décrit. J'y gagnai la connaissance de quelques uns de leurs usages : je les transmets.

CHAPITRE XXIV.

Continuation sur les diverses coutumes, usages, procédés singuliers, et propres aux Monténégrins, surtout dans leurs guerres.

Partout les usages des peuples tirent leur origine des besoins de l'homme, de la nature du sol, de celle du climat et du genre de commerce. Chez les Monténégrins, plusieurs diffèrent absolument de ceux des autres peuples de l'Europe dans lesquels ils sont enclavés.

J'ai dit qu'en naissant, ils reçoivent au berceau les armes qu'ils doivent porter toute leur vie. Quand ils sont en état de s'en servir, les parens, les amis se réunissent; on soumet l'enfant à l'épreuve du tir : quand, après plusieurs essais, il a atteint le but, le père, en lui mettant de nouveau

les armes en main, avec beaucoup de céré-
nial, lui dit gravement : *Rapporte-les, ou
ne reparais jamais devant moi.* Ils n'en peuvent changer que dans trois circonstances,
qui sont : le *mariage*, l'*alliance intime*, ou
la *succession.* Dans la première, on peut
user du présent qui en serait fait par quelqu'un des parens ; dans la deuxième, les intimes font l'échange réciproque de leurs
armes ; et dans la dernière, les armes du
père ou du proche sont, de privilége exclusif,
à l'aîné ou au plus proche.

Quand les Monténégrins font la guerre,
ils n'ont ni mulets, ni charriots. Ils cou-
chent sur la terre, sur les rochers, à découvert et exposés à toute l'intempérie des
saisons, qu'ils supportent sans y faire attention, par conséquent sans murmure, et
sans en éprouver la moindre altération dans
leur santé.

Comme leur sol offre, à chaque pas, des
positions nouvelles, faciles et sûres, ils pro-
fitent habilement de cet avantage pour faire
la guerre défensive, et comme aussi, tous

ceux qui les avoisinent habitent un pays à peu près semblable, ils en ont tellement acquis l'expérience, que dans les mouvemens offensifs auxquels ils sont forcés par la nature des événemens, ils se hasardent rarement à découvert quand ils font le coup de feu; ils s'avancent de roche en roche, en tirailleurs, arrivent, sans être vus, jusqu'à la portée de leurs armes, et tirent à coups sûrs, ainsi postés derrière les rochers. Toute leur manœuvre se renferme là, ou dans des mouvemens brusques, impétueux et déterminans; de sorte qu'au moment le moins attendu, des mêmes points où il paraîtrait qu'il n'y pourrait être que quelques tirailleurs disséminés, il sort comme une nuée de combattans qui inondent le terrain occupé par leur ennemi. Mais aussi tout cela se fait-il sans ordre, sans calcul, sans aucune sorte de commandement méthodique; tous s'abandonnent au hasard d'un courage aveugle.

Plusieurs ont nommé les Monténégrins des lâches, à cause de cette manière de combattre : mais c'est à tort. Etions-nous donc des lâches, lorsque, ensevelis dans nos murs pendant près d'un an, nous y demeurâmes retenus par des précautions liées à notre position, à notre isolement, à notre éloignement de tout secours? Non, certes : chaque homme, chaque peuple est guidé par sa prudence ou par l'instinct de sa conservation. Chacun a ses motifs d'attaque et de défense. L'emploi le plus sage des moyens qui sont propres à chacun, est celui qui s'assortit le mieux aux temps, aux lieux, au génie, aux ressources et au nombre des combattans. C'est là le secret, le grand, l'unique secret du métier affreux de la guerre.

Nous avions des forts élevés à grands frais; les Monténégrins usaient de ceux prodigués sur leur sol par la nature ; ils avaient l'audace de nous attaquer avec de simples fusils, nous qui étions à couvert sous d'imposans remparts; nos canonniers avaient plus d'une fois la folie de tirer, contre un seul homme, qui se rendait invisible à volonté, un ou plusieurs coups de canon.

Maintenant qu'une assez longue habitude de voir les Monténégrins, dans les diverses situations de leur existence, et que des entretiens raisonnés avec les hommes de toutes les classes, dans ce pays, m'ont mis à même de porter des jugemens que je peux regarder comme sûrs, je ne craindrai pas de hasarder mon opinion sur ce qui concerne ce peuple.

Si les mœurs des nations sont l'ouvrage des lois, de la politique et de la religion, leur caractère distinctif reçoit son empreinte de l'influence des habitudes locales, des divers rapports avec leurs voisins, mais, pardessus tout, de l'éducation primitive.

Les Monténégrins sont hardis et intrépides dans les combats, rusés, irascibles; ils sont terribles dans leur vengeance; ignorans et vains, ils sont superstitieux dans leur religion; avides de nouvelles, ils sont d'une crédulité stupide.

Ils sont intéressés, dans les affaires, mais très exacts dans leurs relations commerciales; bons et hospitaliers envers les étrangers qui réclament loyalement l'asile ; fidèles à leur parole, constans en amitié ; pleins de piété envers leurs père et mère ; très attachés à leur patrie, et surtout jaloux à l'excès de leur sauvage indépendance.

Ce qu'il y a de plus honorablement remarquable chez ce peuple, c'est la profonde vénération qu'il a pour la vieillesse. Lorsque les jeunes gens aperçoivent un vieillard, ils pressent leurs pas, s'approchent respectueusement de lui, le baisent sur la poitrine et s'inclinent humblement. Celui-ci porte la main étendue sur leur tête, et les baise au front.

Combien ce tableau diffère de tout ce qu'on en a dit jusqu'ici ! Dans quelle erreur grossière on est tombé, lorsque, sans examen, ni scrupule, on a hasardé de traiter de féroce, de cannibale, un tel peuple dont d'illustres souverains ont pu deviner les vertus et apprécier le courage !

Quand il s'agit d'assigner dans l'histoire, la part que doit avoir un peuple à l'opinion des nations contemporaines et aux jugemens de la postérité, il faut bien se défier de ces préventions trop ordinaires, qui confondent ce qui part d'un individu, avec tout ce qui appartient à toute une société; et qui, prononçant d'après des notions étrangères, portent des décisions dont les moindres effets sont d'occasionner des inimitiés, et de propager, entre les voisins, les fermens d'une mésintelligence qui, pendant des siècles entiers, embrase leur sol. Mais ce sont là les arrêts de l'ignorance, et peut-être de la mauvaise foi !

Non, certes, les Monténégrins ne sont pas féroces; ils ne sont pas parfaits, sans doute; mais qu'y a-t-il de parfait sur la terre?

Le sont-ils eux-mêmes ces détracteurs rigides? Valent-ils mieux qu'eux, ceux qui les ont dénigrés? Ceux qui ont osé les voir de près, les connaissent mieux, sans contredit, que d'autres qui n'ont pu, ni voulu les observer.

Les Monténégrins, dit-on, pourraient être comparés, en plusieurs points, aux Hottentots; mais au moins, s'ils ont tous les vices d'une civilisation imparfaite, ils ont aussi toutes les vertus de la simple nature.

Mais remontons aux causes : nous découvrirons sans peine la véritable source d'où part ce jugement inique, scandaleux et déshonorant. Quelques uns les ont lésés dans leurs intérêts, offensés dans leurs femmes, ont jeté le ridicule sur leurs actions, leur marche, leurs chants, leur langage même : ce langage héroïque qu'ils n'ont su apprécier, ni comprendre.

D'autres ont tourné en dérision leurs cérémonies religieuses, leurs opinions et jusqu'à leurs habits, parce que tout cela ne ressemble en rien aux nôtres. Les Monténégrins ont des travers; soit. Ils sont infatués de mille erreurs, je le sais : mais parce que, d'après la marche universelle de la nature, ils ne pardonnent pas aisément les outrages, sont-ils des êtres féroces?

Après avoir irrité eux-mêmes ce peuple par des actes violens et tortionnaires, vous l'accusez de férocité! il ne se laisse pas égorger par vos soldats; il ne se laisse pas voler, dépouiller par vos agens fiscaux : donc c'est un peuple féroce !

Mais qu'a donc fait de si extraordinaire ce peuple ? Il a été menacé, il s'est mis sur ses gardes. Il a été attaqué, il s'est défendu ; il n'y a là rien que de bien juste, de très conforme à la raison. Eh! que font donc tous les peuples de la terre ? Qu'avons-nous fait nous-mêmes ? Que ferions-nous encore ?... Ah! plutôt admirons, encourageons partout les sentimens généreux qui tiennent à l'indépendance ! Ne condamnons pas, imitons plutôt ce dévouement héroïque du Monténégrin contre les ennemis de la liberté.

Les Monténégrins connaissaient trop la mauvaise opinion que plusieurs avaient manifestée à leur égard ; elle irritait vivement leur orgueil. Avec la conscience de ne l'avoir pas justifiée, ils saisissaient toutes les occasions de la détruire par de fréquentes explications. Sans cesse ils amenaient la conversation sur les bruits répandus de leur prétendue barbarie.

Un jour, des envoyés d'Orocavaz, de Crivos-

cié et ceux de Castel-Nuovo , s'étaient rendus sur les confins , pour y traiter avec les
Monténégrins de quelques arrangemens d'où
dépendait la tranquillité de tout le voisinage ; plusieurs officiers français s'y rendirent ; les Monténégrins ne manquèrent pas
de relever toutes les inculpations dont on les
chargeait, et qui pesaient douloureusement
sur leurs cœurs ; ils paraissaient attacher
beaucoup d'importance à notre estime.

Dans une discussion un peu vive, née
à l'improviste, l'un des nôtres leur dit,
peut-être avec un peu trop d'âpreté : « On
» vous accuse de vous abandonner à vos em-
» portemens avec trop d'audace ; mais on
» pourrait vous mettre à la raison. » L'un
d'eux interrompant aussitôt avec force : « Eh !
» depuis quand, Français présomptueux,
» s'écria-t-il, serait-ce un crime de défendre
» avec courage, son indépendance, sa reli-
» gion, sa femme, sa propriété, contre les
» attentats d'un despote ou de ses satellites?
» La nature ne m'en fait-elle pas un devoir?
» Et lorsqu'à mon droit se joint celui de mes

» forces, je résiste, ou je suis un lâche? »

« Cependant, lui dis-je moi-même (car
» j'y assistais), il y a des règles qui..... Ah!
» m'interrompit-il, quelle que soit la main
» hardie qui me frappe, quel que soit l'in-
» jurieux pouvoir qui m'opprime, quels que
» soient les temps, les lieux, les hommes,
» je m'arme, je mets à mort celui qui m'ou-
» trage, et je péris content des efforts nés
» de mon devoir et de ma juste indignation. »

Ce discours, qui peint si bien le caractère
national de ces demi-sauvages, fut prononcé avec une véhémence que favorisé la
syntaxe illyrique, avec l'élan du génie grec,
en un mot, avec le ton imposant des héros
de l'antiquité.

Je calmai cet homme, et fixant de suite
l'attention sur l'objet de la réunion, je fis
entendre qu'il fallait ne rien rappeler de
tout ce qui pouvait s'y opposer ; et qu'il était
inconvenant qu'un jour destiné à rétablir
l'harmonie, devînt la source de nouveaux
troubles. Tout se termina, cette fois, heureusement ; on ne se sépara qu'après plusieurs

toasts, des saluts d'armes et des tirs d'honneur, que les Monténégrins accompagnaient chaque fois de leurs chants.

Ce n'est pas, toutefois, que les Monténégrins paraissent à mes yeux sans reproches. Je leur en ai fait de sérieux déjà ; j'ai marqué du sceau de l'indignation des faits qui révoltent, surtout chez les Zantins, beaucoup plus intraitables que les autres habitans du Montenegro.

Il est certain que si ce voyage méritait d'occuper un rang dans l'histoire des peuples, je leur aurais assigné un lot bien défavorable.

Mais de quelques traits coupables, répandus dans le cours d'une longue histoire, pourrait-on, sans injustice, conclure le désaveu, ou le manque de toutes vertus? Ce serait une opinion injurieuse à tout un peuple.

CHAPITRE XXV.

*Suite de la marche dans le Montenegro. —
Arrivée à Dobro. — Acte et fête de la
réconciliation.*

Nous nous portâmes, après avoir fait nos
adieux aux hommes des monts supérieurs,
vers le grand village de Dobro. Nous dûmes
traverser des forêts tellement épaisses, que
nous y étions dans les ténèbres aux plus
beaux jours de l'année. Ma petite escorte ne
voulut pas s'y engager sans prendre trois
guides du pays, dont le concours était nécessaire, attendu qu'un seul n'en connaissait pas assez toutes les parties, pour nous en
faire éviter les dangers et les directions impraticables. On était bien loin de nous attendre à Dobro, quoique déjà, depuis plusieurs jours, l'ordre était donné par l'évêque d'y surveiller notre arrivée; il avait

même eu l'attention d'envoyer différentes provisions.

C'est une commune que l'on aperçoit long-temps avant d'y arriver , parce qu'elle est située sur une éminence de rochers arides, d'où l'on découvre, au loin, tous les terri-toires de la Katunska nahia , et de la Rieska, la belle plaine de Cettigné , Monte-Sello , couronné de mélèzes et les grands étangs for-més au pied de la montagne, des eaux de la Ségliante et de la Ricowezernowich.

La population de ce lieu accourut en un instant auprès de nous, dès le premier tir de fusil qui fut fait par un des nôtres. Là , chacun se disputait l'honneur de nous rece-voir. Je profitai de cet accueil pour le but de mon voyage; j'y mis tout le monde à con-tribution, en assistant à diverses réunions , à de grandes cérémonies, à des jeux publics, et j'obtins divers entretiens assez impor-tans pour confirmer toutes mes premières remarques.

Les maisons, les chapelles, les églises , que je visitai dans les environs, me fournirent des matériaux. Mais une circonstance bien précieuse me fut bien favorable. Une réunion nombreuse, importante et solennelle dans les mœurs du peuple monténégrin, devait y avoir lieu sept à huit jours avant mon arrivée. Le *Wladika* en fit retarder l'époque, pour m'en rendre témoin. La reconnaissance que je lui dois est bien fondée.

Chaque peuple a ses goûts, ses institutions plus ou moins en rapport avec les intérêts de ceux qui le gouvernent; mais il en est beaucoup d'indépendans de l'autorité souveraine; ils ne sont écrits dans aucun code, et ils passent, néanmoins, à la postérité, consacrés par l'assentiment national, parce que tous y prennent une part égale.

Tel est l'acte de la réconciliation chez les Monténégrins. Quoiqu'il soit environné de tout l'appareil de la religion, il participe trop de la législation, par ses causes, ses accessoires et ses heureux résultats, pour ne pas regretter de l'en voir séparé.

Acte de Réconciliation publique devant le Tribunal du Kméti.

Sans doute il mérite une relation détaillée.

Acte de Réconciliation publique.

Si les inimitiés ont leur source dans des
passions qui dégradent l'homme et déposent
contre la morale, en attestant en même
temps l'insuffisance de la législation, les
réconciliations émanent d'un mouvement
qui honore, et qui garantit que les semences
de vertu sont encore sur la terre.

Chez tous les peuples qui vivent dans l'indépendance, les passions sont excessives ;
l'amour et la haine, quelle qu'en soit la
source, quels que soient les incidens qui les
provoquent, sont celles qui font entreprendre les plus grandes choses, ou qui entraînent aux plus grands forfaits. On s'aime
avec chaleur ; mais si, par quelque cause que
ce soit, ce sentiment s'altère, la haine s'ac-
croît au même degré.

Les Monténégrins ne connaissent pas d'autres règles. De long-temps, rien n'efface de

leur cœur ulcéré l'impression d'une offense (1).

Un homme a-t-il été tué, toute sa famille est en mouvement. Chacun prend parti contre la famille de l'assassin; et jusqu'à ce que quelqu'un d'elle l'ait payé de sa tête, l'autre n'a plus de repos; rien ne peut éteindre les fureurs, si ce n'est du sang répandu; et ce sang, au lieu de calmer l'incendie, est une huile bouillante qui l'attire.

On sent qu'il s'ouvre alors un champ vaste à toutes sortes d'entreprises, d'attaques et de récriminations. Dans certaines familles, des siècles d'assassinats n'ont pas encore assouvi la soif de la vengeance.

Des esprits superficiels attribueront d'abord à toute la nation ces actes de barbarie, ces scènes sanglantes qui déshonorent l'hu-

---

(1) Une chose bien digne de remarque, c'est que dans aucune circonstance, les Monténégrins ne comprennent les femmes dans leurs querelles, et ne cessent, pour aucun motif, de leur témoigner des égards. On a aussi observé qu'il est très rare qu'ils maltraitent leurs femmes.

manité ; mais il faut remarquer que ces attentats ne semblent pouvoir s'attribuer qu'à
certaines familles , dont l'irascibilité est
connue depuis long-temps.

A ce sujet une réflexion douloureuse s'offre assez naturellement. Chez les nations po-
licées, chaque membre de la société sait qu'il
peut compter sur la vindicte publique ; mais
le peuple monténégrin n'a pas la même garantie; il suit l'impulsion de la nature. Le
Monténégrin s'abandonne ouvertement à
son ressentiment ; les autres s'enfoncent dans
les sentiers tortueux de l'hypocrisie, et se
vengent dans les ténèbres.

La vengeance se transmet, ici, de père en
fils dans les familles offensées, et ne s'éteint
après une longue série d'attentats réciproques, qu'en la rachetant avec des sommes
plus ou moins fortes, selon la qualité et le
nombre des victimes.

Ces sommes sont payées comptant, ou par
des valeurs équivalentes en ustensiles et bi-
joux d'or et d'argent, ou en armes de prix.
Les dispositions qui accompagnent ce paye-

ment, et qui doivent garantir l'inviolabilité
de la réconciliation, deviennent l'objet de cérémonies publiques, grandes, imposantes,
qui n'occupent pas seulement les deux familles, mais toute la contrée, toute la nation, et qui provoquent l'intérêt et la curiosité des plus indifférens ; on y accourt des
extrémités du territoire. Ces cérémonies
coûtent considérablement, et ne peuvent
avoir lieu qu'entre les riches.

Lorsque deux familles qui, pendant long-
temps, ont exercé leurs ressentimens, ont
résolu d'y mettre un terme, soit dans le dessein de se réunir contre un ennemi commun,
soit parce que le temps ou leurs intérêts mu-
tuels ont émoussé l'acharnement des pour-
suites, soit enfin que leur âme, excédée de
cruautés, leur fasse sentir le poids de l'opinion qui les repousse, ils implorent la convo-
cation d'un *kmeti* (tribunal spécial, érigé
spontanément), qui se compose de vingt-quatre notables vieillards, dont douze au choix de
chaque famille.

Le curé du village du dernier offensé ou

mort, ou quelqu'autre personnage recommandable du lieu, est le président de cette commission spéciale, et emporte les voix si elles sont partagées ; cela arrive rarement, parce qu'avant la réunion, les intérêts sont déjà discutés d'avance, et que le résultat en est presque sûr.

Le jour de la tenue, il y a messe solennelle. Tous les drapeaux flottent autour de l'église et à toutes les avenues ; les cloches ne cessent de sonner ; mais il est remarquable qu'on ne tire jamais, dans cette occasion, un seul coup de fusil, que lorsque tout est terminé, et au moment de se séparer. Tous les membres du *kmeti* sont à jeun ; et tous lesassistans, hommes et femmes, se piquent d'être ce jour-là dans le costume le plus brillant.

Le *kmeti* s'assemble, une heure avant la messe, pour faire le calcul *des sangs répandus*. On évalue une blessure, qu'on appelle *un sang*, à dix sequins.

La mort d'un homme, qu'on appelle *tête*, équivaut à dix blessures ; par conséquent à cent sequins : ainsi , moyenant 1250 livres , un Monténégrin peut se débarrasser de quiconque lui déplait ou l'importune. La tête d'un prêtre et celle d'un chef de commune , sont à un prix sept fois au-dessus de toute autre. Ces sortes d'évaluations sont ainsi établies depuis un temps immémorial. Mais on y déroge maintenant , selon certaines circonstances atténuantes ; quelquefois les prix en sont fixés , de gré à gré , par un intermédiaire.

Sur les sommes comptées , le *kmeti* a la faculté de retenir quarante sequins pour les honoraires de ses membres ; mais c'est toujours au bénéfice du coupable , à qui l'on en fait la remise aussitôt après l'acte de la réconciliation.

Après avoir établi la balance , le *kmeti* communique le résultat de ses opérations aux parties qui déterminent elles-mêmes le moment de la cérémonie. Dès cet instant on avertit les proches et les amis , afin qu'ils fassent leurs préparatifs pour que chacun y paraisse dans la plus brillante mise ; on les

en doctrine de part et d'autre, de manière à
ce que la réconciliation ne manque pas, afin
d'éviter une humiliation douloureuse. Ensuite on s'occupe d'assigner le jour, l'heure
et le lieu où la sentence recevra la sanction
publique. On doit en demander néanmoins
l'autorisation au *Wladika* et au gouveneur,
qui l'accordent toujours ; ils en font avertir
tout le pays, et ils y assistent souvent
eux-mêmes, accompagnés de beaucoup de
monde.

Au jour annoncé pour la cérémonie, et par
conséquent pour le payement, le greffier
envoie, dès le matin, douze enfans à la mamelle, portés par leurs nourrices, à la maison
de l'offensé. Chacun tient un petit mouchoir
de toile ordinaire ; ils frappent à la porte, et
à la faveur de leur innocence, ils sont censés
devoir attendrir l'offensé, qui, après avoir
résisté quelque temps à leurs cris et à leurs
prières, ouvre enfin et reçoit les douze mou-
choirs.

Ce même jour, grande messe solennelle,

même jeûne, même étalage de drapeaux,
même sonnerie des cloches. Au sortir de la
messe, les vingt-quatre arbitres se réunissent
au lieu préparé. C'est ordinairement dans
l'enceinte d'un couvent ou près de l'église
du village de l'offensé, qui s'y présente accompagné de tous ses parens, des chefs et
vieillards du même lieu, précédés du pope.
Il se forme à l'extrémité de l'enceinte, un
grand demi-cercle, séparé de la multitude,
en forme de lice ; c'est là où vont se placer
les membres du *kmeti*.

L'agresseur, escorté de ses plus proches,
paraît aussitôt après, à genoux, à l'entrée
de l'enceinte, portant suspendue au cou
l'arme meurtrière qui fut l'instrument du
dernier assassinat ; puis, restant dans cette
humble posture, il s'avance, en se traînant
sur ses mains, jusqu'en face du *kmeti*.

Dans cet instant, cet homme, sans doute,
donnerait tout au monde pour se soustraire
à cette humiliation. Le fer suspendu sur la
tête de Damoclès fut moins terrible pour lui,

que ne l'est la présence du *kmeti* pour le patient. Mais une fois décidé à terminer l'affaire, il ne peut plus reculer.

Le pope alors détachant l'arme suspendue à son cou, la fait glisser par les pieds, et la jette aussi loin qu'il le peut; les assistans s'en saisissent, et la rompent en pièces. Dans cet instant, s'adressant au tribuual, le patient déclare qu'il accepte formellement sa décision. Il demande ensuite à son adversaire s'il renonce à la vengeance et à l'inimitié?

L'offensé s'agite, pleure, réfléchit; il regarde le ciel, soupire, hésite; son âme semble bouleversée par mille sentimens divers.

Les amis, les parens des deux partis le pressent, l'invitent à la concorde; les colloques se multiplient, s'animent; on craint la confusion d'un refus, dont l'offensé est encore le maître. Les plus distingués de l'assemblée s'empressent autour de lui.

A la cérémonie dont j'étais témoin, une voix exprimant fortement l'indignation se fit entendre; c'était celle du patriarche des anciens: Qu'attends-tu donc, cœur de glace ? s'écria-t-il? *Mon âme n'est pas encore prête,* répondit fièrement l'offensé.

Tous s'éloignent de lui; on l'abandonne un moment à ses réflexions; tandis que l'agresseur, toujours à ses pieds, n'ose lever les yeux crainte de rencontrer un regard.

Dans ce profond silence, un prêtre s'avance seul auprès de l'offensé, lui parle à l'oreille, et levant la main, lui montre le ciel, sans proférer un seul mot. Cette fois, son âme est émue, son courroux expire ; il tend une main à son ennemi qu'il relève ; de l'autre, montrant le ciel: Grand Dieu, dit-il, sois témoin que je lui pardonne !

Les deux ennemis se tendant réciproquement les bras, se tiennent long-temps serrés l'un contre l'autre. Alors tous les assistans font retentir les airs d'applaudissemens; et entraînés par l'exemple, s'embrassent confusément.

Quelque prévention qu'on y apporte, on n'assiste jamais en vain à cette cérémonie de la réconciliation. J'y ai vu de ces hommes, qui affectent d'avoir l'esprit fort, y payer les premiers un tribut qui les honore. Au reste, pour être fortement ému, il faut entendre la langue du pays, et pouvoir bien saisir les beautés des discours et les à propos des répliques.

Dans ces premiers momens d'effusion, le curé et le président du *kmeti* donnent l'accolade aux deux réconciliés. Celui qui a déjà pardonné, prononce, à haute voix, devant le *kmeti*, et avec une expression qui en décèle la sincérité, le serment le plus formel qu'il renonce à tout ressentiment et à tous ses *droits* de vengeance.

Immédiatement après, les arbitres, et les parens des deux partis, se mettent en marche, ayant en tête les deux nouveaux amis ; on se rend au village de l'agresseur, qui a fait préparer un grand repas, où l'on voit une profusion de viandes, d'eau-de-vie, de vin, de gâteaux de maïs, de fromage et de miel.

C'est ordinairement en cette occasion que l'on voit servir des moutons, des porcs, et souvent même des bœufs *rôtis entiers* en plein air.

Tous les parens, les amis, les voisins, les curieux, les passans eux-mêmes ont droit de prendre part au festin, pour lequel on a eu soin de choisir un terrain spacieux.

A cette scène, qui d'abord représente assez bien l'ensemble d'un camp où se prépare la soupe, succède une scène plus variée par les chants héroïques, les danses nationales et l'abandon de la plus franche gaieté.

La somme convenue se présente au moment où les convives sont à table; l'argent, l'or et les joyaux sont dans un grand bassin servant à l'église; les effets d'un plus grand volume s'offrent à la main. Quelquefois l'offensé refuse tout par un sentiment de générosité.

La sentence qui a été rédigée dans le cours de la cérémonie, en double, sur une même feuille, est offerte au curé pour en délivrer un exemplaire à chaque partie, qui la conserve comme un titre honorable à sa famille.

Les deux pages qui contiennent cet acte, sont liées par un cordon, où est fixée une pièce de monnaie turque; très mince, qui en réunit les deux extrémités; le curé ou le président coupe avec des ciseaux la pièce en deux parties égales; on sépare les deux feuilles, de manière qu'il reste pour chacun une moitié de la pièce, dont le rapprochement atteste l'identité.

Il n'y a point d'exemple que de pareils jugemens aient été enfreints; les mêmes familles peuvent bien se diviser de nouveau; mais sans revenir jamais sur ce qui a été décidé antérieurement.

De la réconciliation individuelle ainsi consacrée, résulte la pacification de tous les membres des deux familles, devenues solidaires par des sermens réciproques. Les Monténégrins sont reconnus pour les respecter strictement, soit qu'ils se lient à la chose publique, soit qu'ils tiennent à des intérêts particuliers; soit qu'ils aient juré par leur moustache, et par l'honneur.

Je ne dois point omettre ici une preuve de l'esprit et des sentimens qu'on apporte à ces cérémonies ; ce ne sont point de vaines démonstrations ; tout s'y passe avec une gravité imposante.

La réconciliation de *Lazarich* avec *Czernogossevich* fut remarquable par la scène la plus attendrissante : il y eut un combat de générosité la plus marquée. *Lazarich* pardonnant sans aucun motif d'intérêt, *Czernogossevich*, bien qu'il eut provoqué le *kmeti*, ne se crut pas encore digne de pardon ; on le vit accablé ; on le pressait d'avancer auprès des arbitres ; il s'approcha en tremblant, et, dans un mouvement pathétique auquel il s'abandonnait, il s'écria :

(1) En vain l'homme pervers et se cache et se couvre !
L'effroi marche à sa suite, et partout le retrouve.

----

(1) Nous avons jugé convenable de mettre ce discours en vers, afin de conserver le mode sententieux que lui donne le rhythme. Nous avons respecté la pensée. Qu'on juge ce que pourraient devenir de tels hommes sous l'heureuse influence d'une éducation soignée !

C'est en vain qu'il prétend se soustraire à son cœur;
Le crime est toujours là , joint au remords vengeur.
La nuit!... la nuit surtout... Quelles scènes terribles!
Tout s'offre à nos pensers sous des couleurs horribles!
On voudrait s'échapper... On s'agite , on s'enfuit.
En quelque lieu qu'on soit, la conscience suit.
Pour l'éviter soi-même on change en vain de place,
Du crime, dans nos cœurs , jamais rien ne s'efface.

Toutes les réconciliations se terminent à peu près de la même manière. Je ne parle pas des prières qui se font à plusieurs reprises pendant le repas, car elles ont lieu dans les moindres réunions. Les chants, les danses terminent la cérémonie, et l'on se sépare au signal d'une fusillade qui, pendant plus d'une heure, se prolonge dans toutes les directions, parce que chacun, en se retirant dans sa commune, ne cesse de tirer que quand les cartouches lui manquent.

CHAPITRE XXVI.

Plaisirs des Monténégrins.—Pêche.

Je m'étais flatté de voir l'évêque à Dobro, mais comme c'était l'époque favorable à la pêche, il y présidait depuis quelque temps, tantôt vers la Schinizza, tantôt à la Ricowezernowich. On savait qu'il était à cette dernière depuis peu, et qu'il se retirait le soir à Cesini. Je résolus de m'y rendre, par la crainte de manquer l'occasion de le voir, si je me fusse engagé dans la direction du couvent pendant son absence.

Nous partîmes de Dobro le lendemain de la réconciliation; nous arrivâmes très tard à Cesini, où nous trouvâmes en effet l'évêque logé chez le pope. Il me témoigna un gré infini de ma démarche. Je désespérais, dit-il, de t'embrasser encore une fois sur mon territoire. Tous ceux de mon escorte se pres-

sant pour lui baiser les mains , sans lui
donner le temps des premiers procédés à mon
égard, il leur dit avec un air grave : *Songez,
avant tout, à ce que je dois au commandant.*

De mon côté, je ne l'arrêtai que très peu
d'instans, pour donner à ces gens l'occasion
de se livrer sans retard à leur hommage.

On ne s'entretint pendant la soirée que de
la pêche. Les rivières ci-dessus nommées,
ainsi que les étangs qu'elles forment sur
plusieurs points , en fournissent une très
abondante dans toutes les espèces, mais particulièrement d'un poisson nommé par les
naturels *scuranzza*. C'est un petit poisson
blanc qui, pour la grosseur, tient le milieu
entre la sardine et le hareng; il en est de
même de la qualité; il remonte ordinairement du lac de Scutari, deux fois l'année , en
nombre infini; c'est un objet important de
commerce pour les habitans, notamment
pour le *Wladika*, qu'on peut en considérer
comme le propriétaire exclusif, à la manière dont il en dispose, par les cessions de
certains quartiers. Ils vendent ce poisson

frais ou salé, selon les intérêts de leur spéculation. On nous en servit à souper, assaison-
nés de plusieurs manières. La meilleure est
sur le gril, à l'huile, avec beaucoup d'ail et
du persil ; et ils ont raison, parce que, de sa
nature, ce poisson est fade.

Le lendemain de notre arrivée, l'évêque
nous engagea à participer à la pêche ; la manière dont elle se fait est fort curieuse ; j'ai
pensé qu'il ne serait pas hors de propos d'en
donner une idée ; elle est remarquable surtout par les cérémonies religieuses qui la
précèdent, l'accompagnent et la suivent.
Rien n'atteste mieux la superstition de ce
peuple.

A l'époque du passage du poisson, il paraît dans le pays un nombre prodigieux de
certaines corneilles, qui ont beaucoup de
ressemblance avec la macreuse. Quelques uns
prétendent que c'est la bécasse de mer. Malheur à quiconque oserait en tuer une ! C'est
l'oiseau de prédilection ; il fait gagner de
l'argent....

Les pêcheurs, les prêtres, les curieux se

Fête de la Pêche.

rendent aux endroits reconnus les plus avantageux. Là, il se fait des prières solennelles, pour obtenir la faveur du ciel; les prêtres, comme autant d'aruspices, semblent, par leurs regards fixés au firmament, consulter la Divinité, et tirer certains augures de la sérénité de l'atmosphère, de la forme et des groupes des nuages, ou de la force des vents d'est, qui semblent présager l'abondance.

On bénit les deux rivages et tous les attirails de la pêche, tandis que des coureurs vont à une certaine distance, faire du bruit pour chasser les oiseaux vers la rivière, où l'on a soin de garder le plus grand silence.

Les ouvriers placent dans les courans à travers les joncs, de grandes nasses coniques, des paniers et des filets, dans tout l'espace occupé par les oiseaux *pêcheurs;* on les voit à droite et à gauche, sur les arbres, sur les rocs les plus voisins, ou sur divers échaffaudages en rameaux disposés exprès.

Quand tout est ainsi disposé, on fait de nouvelles prières, après lesquelles les ordonnateurs de la pêche jettent dans la rivière, toujours en la remontant, des grains de blé et autres menues semences, concassées et macérées dans un mélange d'eau et de miel, presque jusqu'à fermentation. Les poissons se pressent en foule à la surface pour en faire leur pâture. Aussitôt que les oiseaux les aperçoivent, ils s'élancent sur eux en poussant des cris aigus. Les poissons, épouvantés par le bruit et la vue de leurs ennemis, se précipitent aveuglément dans les nasses qui se remplissent à foison, et que les ouvriers lèvent aussitôt pour les vider en diligence, dans des tonnes disposées à cet effet.

Après cette opération, on replace les paniers et les filets ; les oiseaux et les hommes ont déjà repris leur poste ; les distributeurs des grains recommencent leur manœuvre, et l'on procède à une nouvelle *récolte*. L'on continue ainsi d'heure en heure, pendant quinze et vingt jours, selon l'influence de la saison, qui presse le départ, ou retient dans le pays les oiseaux *pêcheurs*.

A chaque extraction de filet, on voit briller la joie sur le visage de tous les assistans ;

à la fin de chaque jour, à l'instant du dernier tirage des filets, on fait des prières en actions de grâces; on mange du poisson sur le rivage, où tout le monde est pêle-mêle, autour du Wladika et des prêtres; les sons du monocorde et les chants se font entendre de tous côtés.

Enfin, le dernier jour de la pêche, qui ne finit que par la disparition des poissons, et le départ des oiseaux, il y a sur les deux rives, de grandes réunions, où peuvent participer les femmes et les enfans, auxquels on en abandonne tout le produit. C'est un grand jour de fête et de divertissement. Chacun apporte différentes provisions; c'est le jour où tous les joueurs de monocorde se réunissent. Ceux-là n'ont besoin d'aucune prévoyance pour vivre; ils sont traités avec profusion et emportent beaucoup de monnaie. Les danses et les chants durent bien avant dans la nuit, qu'ils éclairent par une multitude de feux sur tout le rivage où la pêche a eu lieu.

Indépendamment de ce que ce poisson

fournit une grande branche de commerce ; il s'en consomme beaucoup dans le pays , à raison des jours maigres fréquens.

Nous ne restâmes que trois jours à la pêche ; si j'eusse été entièrement libre de mon temps, je n'aurais pas désemparé avant la fin , car , outre que c'est une chose piquante par sa nouveauté, les divers accessoires en sont d'un caractère pittoresque. La gaieté naturelle du peuple ; sa vivacité, ses saillies, son accueil franc, et cette liberté des champs, tout y était d'un puissant attrait.

Nous remontâmes le cours de la rivière qui, dans quelques passages, se rétrécit à tel point qu'on la perd de vue ; elle est comme ensevelie dans les abîmes de la terre, où elle s'est sillonnée un chemin à travers des rochers affreux et impraticables. D'espace en espace, on entend un bruit épouvantable, provenant des courans d'air de ces cavités profondes.

Alors nous étions sur la rive gauche, d'où l'on voit au côté opposé les plus beaux tilleuls que j'aie jamais observés ; toute cette

rive est bordée de vignobles, de pâturages
et de jardins, sur les limites desquels une
infinité d'*agnus castus* très volumineux forment des haies ravissantes par la variété de
leurs couleurs, et par la fraîcheur de leur
feuillage, et le rouge éclatant des grosses
grappes des *buissons ardens* qui s'y mélan-
gent.

Nous traversâmes cette rivière sur un misérable pont de troncs d'arbres, placés sur
des rocs très élevés ; un quart d'heure après,
nous aperçûmes, à droite, Cettigné.

CHAPITRE XXVII.

Séjour à Cettigné. — Mouches Cantharides.

Nous arrivâmes à Cettigné vers le soir. Nous étions attendus, et nous eûmes une réception des plus favorables, quoique le *Wladika* ne fût point au monastère, où il ne parut que le lendemain.

A mesure que nous avancions, en passant auprès de l'étang, nous vîmes mille traits de lumière, décrivant, avec la rapidité de l'éclair, des courbes dont le jet paraissait partir de nos pieds, et divergeait dans tous les sens. Les naturels s'amusèrent beaucoup de notre surprise. La célérité des mouvemens et la similitude de leur direction, me permirent de juger que cette action appartenait à des insectes ailés. En effet, nos guides en prirent une dizaine que je renfermai dans un cornet. C'est une espèce de mouches luisantes (1) qui brillent dans les ténèbres, d'un tel éclat, qu'à mesure qu'on se meut, elles produisent autour de vous l'effet d'une gerbe artificielle.

Cettigné est dans une plaine de trois milles italiques de longueur, sur autant à peu près de largeur. Mais le terrain n'y est pas très fertile. On élève, néanmoins, beaucoup de bestiaux qui garnissent la plaine. C'est de cette partie qu'on tire la plus grande quantité de fromages qui s'exportent.

En raison de sa population, de son étendue, et de sa position au centre de l'état, Cettigné est regardé comme la capitale du Montenegro.

C'est dans la vallée de Cettigné qu'on voit

---

(1) C'est l'espèce de mouches cantharides dite *cantharis nocticula*. Le père Dutertre, dans son Histoire générale des Antilles, rapporte qu'elles jettent tant de lumière, qu'il semble que ce sont de petites étoiles *qui courent par la campagne;* que les habitans s'en servent pour éclairer leurs maisons, et, qu'avec une seule, on lit aussi facilement qu'avec une lampe; mais on croit qu'il y a beaucoup d'exagération dans ce récit.

ce grand nombre de citernes que les habitans de toutes les parties du pays ont con-
couru à construire, pour abreuver leurs
bestiaux pendant l'été, et servir à leurs
propres besoins. Les plus remarquables sont
celles voisines du couvent : elles ont depuis
vingt jusqu'à trente pieds d'eau d'une excel-
lente qualité, et d'une extrême fraîcheur
pendant toute l'année.

Lorsqu'on marche, ou qu'on agite quelques corps graves sur le sol de cette plaine,
le terrain résonne, dans toutes ses parties,
d'une manière tellement sensible, qu'on
croit entendre galoper des chevaux sur
des constructions souterraines; de même
la voix, sans rendre les effets de l'écho,
prend une gradation harmonique, telle
qu'on l'éprouve dans une vaste enceinte
voûtée.

Avant d'arriver à Cettigné, on rencontre
à gauche un vaste étang, dont la surface est
parsemée de grandes masses de terrains, flot-
tantes comme autant d'îles. On remarque à
regret que ces terrains fangeux sont égale-

ment perdus et pour l'étang même, et pour la culture.

Si les Monténégrins avaient le goût du travail, et qu'ils voulussent joindre l'industrie aux avantages du lieu, ils pourraient donner un écoulement facile aux eaux inutiles de cet étang, moyennant quelques irrigations sur *Ogljen*, d'où elles couleraient immédiatement vers des parties inférieures qu'elles fertiliseraient; et avec un peu plus de travail, ils pourraient encore, moyennant une déviation plus importante, les conduire sur beaucoup d'autres parties où il ne manque que ce précieux don pour en faire le plus riche pays de toute la contrée. Alors cette intéressante étendue, sans perdre aucun des avantages de l'étang, pour les surfaces utiles à son objet propre, acquerrait, dans toutes celles qui lui sont inutiles, les moyens d'une culture qui produirait, elle seule, assez de grains pour suffire aux besoins de tout le pays.

Cettigné est la résidence la plus habituelle des *Wladika*, depuis Ivan Czernowich, qui

y résida long-temps dans une heureuse simplicité. Comme lui, le *Wladika* actuel, véritable père de son peuple, n'habite pas un
riche palais; il n'offense pas les yeux des
fidèles par un luxe, indigne des pères de l'é-
glise. Religieux observateur des préceptes
de l'Evangile, il sait se borner à des revenus modiques. Toute la pompe de ses équi-
pages se réduit à une mule. Sa demeure, ses
meubles, ses habits ordinaires sont modestes
comme sa conduite. Ses actions, ses paroles
pures comme sa doctrine. Sa table est celle
des anachorètes, par rapport à lui-même;
et s'il reçoit des dons, que la piété des
fidèles destine au temple, il ne thésaurise
pas pour son compte, mais partageant, en
bon père de famille, entre l'autel et les malheureux infirmes qui s'y prosternent journellement; il répand également partout des
secours éclairés.

Le couvent où il réside, qui est de médiocre
grandeur, est remarquable en ce qu'il est
environné d'un mur très épais, garni de
meurtrières qui lui donnent l'aspect d'une

petite forteresse. Le corps de logis que l'on
a particulièrement destiné aux voyageurs,
est assez proprement meublé; la table y est
servie avec abondance; et quoique le *Wladika*
soit tenu, comme les autres religieux, à l'u-
sage unique du maigre, on sert aux étrangers toutes sortes de viandes.

L'église est fort belle, bien éclairée, et
d'une majestueuse simplicité ; mais elle est
riche d'offrandes qui, souvent, ont servi de
ressources dans des momens de crise.

Je passerai sous silence les honorables
distinctions que je reçus du Wladika, pressé
par le désir de faire connaître cet éminent
personnage.

CHAPITRE XXVIII.

Le Wladika, ou Evêque du Montenegro.

PETAR PETROWICH, Wladika du Montenegro, est né à Gnégussi, de parens peu fortunés. Ce prélat est âgé d'environ 65 ans
(en 1813); il a une taille majestueuse, une
belle figure; il porte la barbe fort longue, et
conserve un air de dignité qui commande la
vénération.

Il est affable et poli; il est non-seulement
charitable, mais aussi véritablement hospi-
talier envers tous ceux qui se présentent
chez lui, quelle que soit leur communion.

Il sait très bien l'italien, l'allemand et le
russe; il sait un peu d'anglais et très peu
de français. Son langage habituel est l'illyrien. Il se conduit avec beaucoup de ménagemens avec tout le monde, et toujours avec
la plus grande circonspection. Son extérieur

L'Evêque ou Wladika.

décèle l'homme perspicace, adroit, et peut-être même cauteleux.

Après avoir passé par tous les ordres de l'église, il fut sacré évêque à Carlowich en 1777, avec la protection de Joseph II, par un évêque grec servien de Hongrie. Il n'avait alors qu'environ 30 ans.

Son oncle le fit voyager de bonne heure dans les principales villes de l'Europe.

A Vienne, l'empereur le combla de présens magnifiques; il passa de là à Pétersbourg, où il fit connaissance de l'abbé François Dobrostewich, Ragusain, connu sous le nom de *Dolci*, homme de lettres distingué, que l'évêque ramena avec lui en qualité de secrétaire à Montenegro. C'est le même qui fut honteusement sacrifié dans les prisons, accusé de manœuvres avec les Français. Le prélat se lia aussi avec le comte Zwanovich, de la ville de Budua. Ils se rendirent suspects à la police de Saint-Pétersbourg; on les accusa de projets, de complots, et ils en furent chassés tous trois; le Wladika y retourna en 1779 pour se justifier; il ne rentra dans sa patrie qu'à la mort de son oncle pour lui succéder. Cette fois, l'empereur de Russie, ayant reconnu dans *Petrowich* d'heureuses dispositions, de la souplesse et de l'habileté dans les affaires, il le fit membre du grand synode, et le décora de l'ordre de Sainte-Anne de première classe et de celui de Saint-Alexandre Neuwsky. Partout il se fit connaître avantageusement; il a justifié de plus en plus cette opinion depuis son investiture.

Costume pontifical.

Le costume du Wladika est presque le même que celui des prêtres grecs orientaux. Il se compose d'une dalmatique cramoisi, fixée par des agrafes d'or dans toute sa longueur.

Il est ceint d'une longue pièce de velours bleu céleste et noir, garnie de diamans, ou brodée d'or.

La dalmatique, qui est à manches larges et longues, est recouverte d'une simarre flottante, à manches courtes, terminées au milieu du bras. Elle est de satin violet ou noir, selon les cérémonies plus ou moins importantes.

Il porte en tête un bonnet de velours noir, en forme de schakot sans visière, orné d'une croix frontale en diamans. A la partie supérieure est attaché un grand voile de dentelle ou de toute autre étoffe blanche, qui flotte sur les épaules, garni de gros glands d'or.

La croix épiscopale, ornée de brillans, est suspendue à son cou, avec une chaîne d'or qui descend jusqu'à la ceinture.

Il porte aussi la croix de Sainte-Anne de Russie de première classe, enrichie de diamans.

Une canne d'ébène et une bague de très grand prix, sont les signes distinctifs de sa dignité épiscopale. On remarque à sa main gauche, une autre bague; c'est celle de membre du synode de Saint-Pétersbourg.

Cour du Wladika.

Quatre archimandrites, c'est-à-dire, su-

périeurs de couvens, les frères et les neveux de l'évêque, constituent la cour épiscopale, indépendamment des calogeris ou
moines principaux du couvent même où il
réside.

Les frères et les neveux de l'évêque n'ont
d'autre distinction, dans leur costume, que
le spencer de velours brodé d'or, à l'instar
des primats et des knès.

Tous assistent au conseil, mais ils n'ont
aucune sorte d'autorité externe; ils accompagnent le prélat partout dans ses relations
officielles.

Revenus du Wladika.

Le Wladika entretient sa maison du produit de ses domaines particuliers; ce revenu
consiste en blé, bestiaux et poissons; ce
qui peut s'élever annuellement à une valeur
d'environ trois mille sequins d'or ou trente-
sept mille cinq cents francs.

Depuis quelque temps, son existence
s'est accrue d'une rente de la cour de Russie, dont on ne connaît pas absolument la

quotité, mais qu'on assure ne pas excéder dix mille francs.

Il y ajoute une somme assez forte, mais indéterminée, par un casuel établi sur les bénédictions, et autres actes usités dans cette église.

Il a en outre un trésor considérable : les czars de Russie, toujours magnifiques, ont fait de tous les temps, à son église, des dons de beaucoup d'importance, en pierreries et autres objets d'or et d'argent, qui, dans diverses occasions, lui furent d'un grand secours pour le bien de l'Etat.

La cour de Vienne a souvent ajouté au trésor de cet évêque; et pendant que florissait la république de Venise, il faisait de fréquentes visites à cette puissance, et en rapportait, chaque fois, beaucoup d'or et des présens précieux.

De l'Institution de l'Evêché.

En fouillant dans les débris des siècles et dans la poussière des titres, pour relever l'époque de la première institution de l'évêché du Montenegro, on-est arrêté par mille incertitudes, au point que jusqu'ici elle est restée ignorée.

Il paraît toutefois que l'évêque doit être sacré par le patriarche de Pech, chef de la religion grecque servienne. Il doit obéir à ce prélat qui, de son côté, s'est rendu indépendant, par suite de l'usurpation du patriarchat de Constantinople, comme nous l'avons vu, sous Étienne, roi de Servie, et s'est uni depuis à l'église grecque de Russie.

L'évêque du Montenegro est élu par les moines de Saint-Basile et ceux du couvent de Cettigné. Cette élection a lieu depuis long-temps en faveur de ceux de la même famille; le prédécesseur du Wladika régnant descend, ainsi que lui, des *Petrowich*.

La Porte interpose souvent son autorité politique dans ces élections. Quelquefois elle envoie un chiaoux qui assiste à la cérémonie, dans le but, sans doute, d'entretenir les chimériques prérogatives du patriarchat de Constantinople : prétentions puériles, qui flattent encore les grands, alors même qu'il ne reste de la souveraine puissance qu'un ridicule souvenir.

Il est vrai toutefois que la Porte, se persuadant que les Grecs avaient généralement plus de haine contre les catholiques romains que contre les Turcs, laisse entrevoir, dans plus d'une circonstance, qu'elle considère cette démarche bien moins comme un acte du pouvoir que comme une condescendance.

Des prétentions du Wladika.

L'évêque du Montenegro prend le titre de *scandaria primaria*, c'est-à-dire, *métropolitain du Montenegro, Albanie, et pays situés au bord de la mer*, comprenant les bouches du Cattaro, le Cadalick d'Antivari et celui de Dulcigno.

Ce titre ne lui appartient néanmoins en aucune manière. On peut dire qu'il l'a usurpé, car les Vénitiens n'ont jamais reconnu sa puissance spirituelle, quoique les deux tiers de la population du littoral soumis à cette république fussent de la communion grecque. Jamais il n'exerça aucun pouvoir légal ; jamais il n'eut aucune sorte de juridiction avouée en Albanie, ni dans le Gadalick d'Antivari, ni même dans quelques villages limitrophes dont il s'est rendu maître depuis.

Ce prêtre-prince a toujours aimé de s'immiscer dans toutes les affaires de son temps. Au moment de la chute de la république de Venise, il se rendit adroitement maître de *Budua*, en juillet 1797. Il est vrai que, ne trouvant pas avantageux de lutter contre les armes autrichiennes, il remit cette place au pouvoir du général allemand qui vint en prendre possession au nom de son souverain, quoique déjà toute la province se fût volontairement soumise aux Français.

Il s'était emparé de Miraz ; ce village, dépendant autrefois du gouvernement vénitien, en secoua le joug et s'unit au Montenegro, à l'instigation de cet évêque qui convoitait son territoire depuis long-temps. Ce village avait été assigné par la république en apanage à l'évêque catholique de

Cattaro, qui, comme propriétaire, prenait le titre de comte de Miraz. Tous les habitans étaient ses fermiers, et obligés de cultiver pour son compte les terres qu'ils possèdent aujourd'hui en propriété.

En 1804, le Wladika fut accusé d'intelligence avec les Français qui, déjà, méditaient la conquête de la Dalmatie; mais il rejeta tout sur l'infortuné *Dôlci*, son secrétaire, dont nous avons parlé, et qui en mourût de chagrin dans *les* prisons.

C'est à cette époque que le conseiller d'État Sankoski sut engager les Monténégrins à prêter foi et hommage à l'empereur de Russie, Alexandre premier, pour lequel ils ont aujourd'hui non-seulement un véritable respect, mais encore un sentiment d'affection qui les honore.

Cette prédilection pour la puissance moscovite, dont quelques esprits prévenus se trouveraient peut-être tentés de faire un reproche ou un crime aux Monténégrins, tient non-seulement au rite et à la religion qui leur est commune avec les Russes, mais encore à leurs habitudes nationales, à leur manière de vivre, à leurs inclinations domestiques. On ne peut s'imaginer une plus grande concordance de mœurs, entre des hommes que la nature a placés géographiquement si loin les uns des autres. La politique de leur évêque a profité fort habilement de ces dispositions existantes, pour les entraîner du côté de ses intérêts.

En obéissant aux intentions de leur chef, ils se sont trouvés céder en même temps à leur propre penchant. Il n'a point été nécessaire de les y contraindre; ils aimaient déjà cette espèce de joug, que leur déférence extrême pour leur pontife leur rendait véritablement léger. Leurs popes, et autres prêtres d'un ordre inférieur, trop heureux de plaire au dispensateur des grâces, au *Wladika*, y ont contribué de tout leur pouvoir.

Des décorations accordées au Wladika, les titres, les honneurs et les égards prodigués à temps aux notables du Montenegro, dont plusieurs ont paru à la cour de Saint-

Pétersbourg, n'ont pas moins contribué que la force des circonstances, à attacher ce peuple au sort de la Russie.

Indépendamment de cela, le Wladika se fie tellement à sa politique, que, dans le même temps qu'il est aux prises avec les Turcs, il se soucie peu de vivre en paix avec ses autres voisins; et bien que nous l'ayons vu honoré des bontés de feu le czar Paul Ier., et briguer la protection de la Russie, à laquelle il doit être attaché, autant par la similitude de la religion que par intérêt, cela n'empêcha pas que, lorsque les provinces illyriennes étaient au pouvoir des Allemands, il ne négligea rien pour faire pressentir à la cour de Vienne qu'il aimerait à vivre sous sa dépendance.

C'est ce qu'on appelle, en termes populaires, savoir ménager la *chèvre* et les *choux*. Personne n'entend mieux cette tactique qu'un prêtre ambitieux. Combien d'exemples n'en ont pas donnés en tout temps les pontifes de Rome, et les patriarches de toutes les communions! Dissimuler habilement ; promettre aux uns ce qu'on ne veut tenir qu'aux autres, et profiter de tous les moyens d'affermir ou d'augmenter son pouvoir, est le véritable code des princes de l'église. Heureux quand leurs intérêts privés se concilient avec les intérêts des peuples, aussi véritablement bien, que ceux du *Wladika* monténégrin avec ceux de ses ouailles! Il est indubitable que, dans la position topographique de la contrée montueuse dont il est question, sa proximité de ses éternels ennemis, les Turcs, lui faisait la loi de porter ses affections, soit à la Russie, soit à l'Autriche, pour tenir la Turquie en bride. Le Montenegro aurait peine à s'en défendre seul; il était donc juste et naturel que l'évêque se tournât, dans l'intérêt même de son peuple, ou du côté de la Russie, ou du côté de l'Autriche : c'est la première qui l'a emporté.

Depuis, nonobstant ses démonstrations d'amitié, et pour ainsi dire de soumission, l'évêque n'a cessé de troubler la tranquillité des habitans de la province de Cattaro, sous le régime autrichien (en 1806), en les vexant par des prétentions de confins et de terrains importans, en se conduisant, envers ceux qui y commandaient, non-seulement avec peu d'égards, mais encore avec arrogance.

Ainsi, dans toutes les occasions, à travers les brillantes qualités qui le distinguent, il fit connaître son ambition de dominer. C'est ce même esprit qui le porta à s'emparer de Budua, en se rejetant sur la puissance spirituelle que lui donne sa qualité d'évêque servien. Aussi employa-t-il, avec persévérance, tous les ressorts pour s'étendre sur la province de Cattaro, dont la plus nombreuse partie des habitans sont ses zélés sectateurs; ce qui, sous la protection d'une grande puissance, l'aurait enfin conduit à une souveraineté dangereuse à ses voisins, s'il eût réussi dans ses projets. Bientôt nous le verrons jouer un rôle plus important encore.

Que l'évêque du Montenegro, dans les mo-

mens qui ont agité l'Europe, lors des com-
mencemens de notre révolution, ait cher-
ché les moyens de s'emparer des pays limitrophes qu'il jugeait à sa convenance, il
n'y a rien là que de fort ordinaire; c'est
ce qu'ont fait en tout temps les maîtres
d'un Etat, soit petit, soit grand, sans scrupule aucun, et sans remords. C'est ce qu'ont
fait, quand ils l'ont pu, les évêques de
Rome, les prélats d'Allemagne, de la Saxe,
de la Westphalie, etc.

On serait bien aise, à la vérité, de ne pas
rencontrer ces bouffées ridicules d'ambition
chez ceux qui, par état, se disent au-dessus
des passions humaines, et prétendent surtout, d'après les leçons de leur divin mo-
dèle, que leur royaume n'est pas de ce
monde. Mais, depuis la conquête du pays
de Chanaan par les grands-prêtres du peuple
juif, jusqu'aux guerres si burlesques du
fameux *Bernard de Galen*, évêque de Muns-
ter, (sans citer les antiques prouesses du
Prêtre-Jean), il est constant que les princes

ecclésiastiques n'ont jamais manqué d'usurper les terres de leurs voisins, toutes les fois qu'ils y ont vu de la possibilité.

On conçoit bien que je me suis donné de garde, dans mes entretiens avec le *Wladika*, de laisser percer mon opinion sur cette matière délicate. C'était d'ailleurs avec tant d'abandon, et de si bonne foi, que cet évêque convenait de ses idées politiques et de ses vues, que j'aurais eu tout à fait mauvaise grâce à prendre là-dessus le ton ironique ou désapprobateur. Mais il n'en reste pas moins vrai que l'espèce humaine est donc bien misérablement à la merci des caprices de tous ces hommes puissans, puisqu'ils osent même ne pas s'en cacher! Le Montenegro n'est qu'un point dans ce monde, une contrée en elle-même fort insignifiante dans la masse générale du globe, puisqu'à peine elle produit la subsistance de ses habitans. Eh bien, le destin veut qu'un prêtre y domine, y fasse la loi suivant son désir, et y abrutisse enfin l'esprit d'un peuple naturellement fier et indépendant, sous son

sceptre de plomb, à l'aide des plus vile
superstitions qui aient jamais déshonoré
la nature humaine! Heureusement encore
cet homme a le cœur bon.

Mais ce que l'on pardonnera, sans doute
le moins à un personnage de son état
de sa robe, c'est cette facilité à se p¹
aux vues politiques, aux volontés in.
rieuses d'une puissance absolument ét
gère à son peuple, mais dont il espè
personnellement, de l'argent et de
neurs!.....

C'est donc là que presque toujours
échouer la prétendue sainteté des p
qui dominent la conscience et le sort
multitude ignorante! L'esprit évang
est, certes, à mille lieues de cela; ma
ne peuvent les charmes décevans de
du pouvoir! Tel, en France, le cardi
Lorraine se rendait l'esclave des ca
de Catherine de Médicis, pour con
la puissance, dont sa maison était si
Tel, avant la révolution, le généra
ordre de moines, que nous nous dis

rons de nommer, cédait sans examen à toutes les fantaisies d'un pontife de Rome, tantôt ami de la Gaule chrétienne, tantôt son persécuteur!

Entre l'Autriche et la Russie, il faut l'avouer, l'évêque monténégrin n'avait guère à balancer. La conformité du rite religieux militait victorieusement en faveur de la dernière. Si le Wladika eût préféré servir les intérêts de l'empereur allemand, il eût bientôt été tourmenté par le haut clergé de Vienne, qui aurait prétendu faire peser sur lui sa suprématie redoutable, et peut-être l'obliger peu à peu à revenir au culte romain ; ou du moins à permettre la défection d'une grande partie de ses diocésains, alléchés par les faveurs d'une cour jalouse. D'une autre part, le voisinage immédiat des forces autrichiennes était plus à craindre pour l'indépendance du Monténégro, que la distance considérable où se trouvent les Russes, qui ne pourraient arriver hostilement, sans que tout le pays n'eût bien eu le temps de s'y préparer. Toutes ces considérations donc devaient porter le *Wladika* au parti qu'il a pris; mais on regrette que des cordons, des croix, des rubans, et autres babioles de cette espèce, avec lesquelles on caresse l'inepte vanité des gens de cour, soient entrés pour quelque chose dans les témoignages de récompense qu'a bien voulu accepter le *Wladika.*

Combien cet évêque eût été plus grand, plus digne du respect des hommes, avec sa grande barbe et sa simplicité républicaine, s'il eût repoussé loin de lui tout autre ornement que celui d'un pontife chrétien, le signe épiscopal de la passion du Christ; la croix pastorale, enfin, qui sans étalage de diamans, de paillettes et de rubis, attire mieux la vénération des fidèles, que les hochets brillantés des sangsues du peuple!

Rien de plus plaisant, rien de plus comique, pour un observateur un peu philosophe, que d'être témoin, comme il m'est arrivé quelquefois, de l'air hébêté, stupide, et niaisement étonné, de ces bons montagnards, demi sauvages, à l'aspect de leur *Wladika*, les jours de grande fête, coiffé d'un bonnet presque tout d'or, couvert de broderies, bardé de rubans et d'ordres russes. Ils le regardent, ils l'entourent, ils le suivent, et semblent se demander entre eux si c'est bien là un homme de leur pays, un habitant de leurs pauvres roches, un moine du monastère de Saint-Basile?

La réponse ne serait pas difficile, si ces bonnes gens étaient en état de l'entendre. C'est avec tout cet attirail, pourrait-on leur dire, que le saint prêtre, qui, tout doucement, veut parvenir à être votre maître, captive la crédulité de vos femmes, la soumission de vos enfans, et asservit, sans qu'il y paraisse, vos têtes superstitieuses.

Mais il faut le confesser ici : dans les pays les plus civilisés, parmi les nations les plus éclairées, on ne paraît pas beaucoup plus sage. Une mitre bien dorée, une chappe bien somptueuse, un surplis de la plus belle dentelle, un reliquaire chargé de pierres précieuses, sont en possession de fixer exclusivement le regard imbécile de la populace, subjuguée par un luxe aussi ridicule que contraire à l'esprit du christianisme. C'est le charme universel.

Je ne le tairai pas cependant : l'évêque monténégrin, qui a cru sans doute, pour son intérêt, devoir sacrifier peut-être son goût particulier à l'usage général de ses pareils, est, hors de là , le personnage le plus simple, le moins orgueilleux dans ses relations privées, et le moins attaché aux signes extérieurs de la grandeur, que l'on puisse trouver dans son état.

Mais qu'on ne le force pas à se guinder sur ses échasses; qu'on ne l'oblige pas à faire le prélat, le protégé de l'empereur de Russie ; car alors son caractère dominateur se déploie, sa fierté se monte, son despotisme s'arme de tous les moyens qu'il ne sait que trop bien mettre en œuvre; et malheur dans ce cas à qui serait assez imprudent pour le contrarier, ou lui résister !

Plusieurs conférences sur des matières d'un intérêt majeur, méritent d'être connues; elles assigneront la juste mesure de son génie, l'étendue de ses connaissances, l'influence qui lui est personnelle, tandis que sa conduite avec les Français achèvera de le peindre au naturel.

Si l'on s'étonne que je m'arrête aussi longuement sur la personne de ce prélat monténégrin, je prierai le lecteur de vouloir bien ne pas perdre de vue que, depuis l'avénement de l'évêque actuel au trône cléricaldece pays, tout y a en quelque sorte changé de face. Le gouverneur n'est plus qu'un agent secondaire, sans influence, sans pouvoir, et sans autres prérogatives que les honneurs extérieurs. Tout passe par les mains du Wladika; tout s'exécute par ses ordres, et rien sans lui. Cela nous amène donc à la nécessité de traiter de sa politique privée, et de ses relations avec les diverses puissances dont l'amitié ou le secours l'intéressent.

Cette tendance à l'augmentation de son pouvoir n'a rien, au reste, de bien extraordinaire de la part du prélat, ni rien de bien répréhensible d'après les institutions ac-

tuelles de l'Europe, dans l'esprit général des-
quelles la stricte morale du christianisme
n'entre plus comme régulatrice obligée.

Le pouvoir temporel s'est réuni peu à peu
au pouvoir spirituel. On ne conçoit pas trop
bien, à la vérité, à l'aide de quels liens;
mais qu'importe? Depuis saint Pierre, à qui
l'on a supposé si gratuitement que les clefs
du ciel avaient été données, il n'est si petit
porteur d'aumusse, si mince enfroqué, qui
ne se croie plus ou moins possesseur du glaive
flamboyant de l'ange exterminateur, et qui
en conséquence ne se juge en *droit* de commander l'obéissance passive. Voilà comment,
dans les armoiries des prélats, et des abbés
de quelque poids, en Allemagne, ou en
Italie, un glaive se trouve en sautoir avec
une crosse. Le prêtre *Samuel* le fit bien voir
au malheureux roi d'Abimelech, *Agag*,
quand il le coupa par morceaux en présence
du rétif *Saül*. Cet exemple, un peu dur,
n'est plus réclamé, je l'avoue, par personne.
Nos mœurs sont devenues beaucoup plus
douces; aucun moine, aucun abbé souverain

n'oserait imiter ce terrible *Samuel*; mais le droit subsiste, disent-ils; et s'il n'est pas exécuté dans toute sa rigueur, c'est que les peuples, Welches ou Tudesques, plus dociles, ne s'avisent pas de disputer le *droit de l'épée* à leurs dominateurs en soutane.

Quoi qu'il en soit, personne ne songe à troubler, par ces observations (qui sentent le philosophisme), la puissance temporelle du Wladika monténégrin. Il en use, au surplus, avec toute la modération convenable; aucun penseur hardi, aucun scrutateur indiscret, ne soulève le voile, de sa main téméraire. Le peuple le révère et l'aime, il est soumis. Que faut-il de plus?

FIN DU PREMIER VOLUME.